汉族民间服饰谱系

崔荣荣 主编

臻美袍服

吴欣 赵波 著

内 容 提 要

本书为"汉族民间服饰谱系"之一。

伴随汉族的历史发展，汉族民间服饰最终形成以"上衣下裳""衣裳连属"为代表的基本服装形制，并包含首服、足服、荷包等配饰体系。书中围绕上下连属的服装形制进行研究，探索历代袍服的发展变化，着重考察近代以来的袍服造型、分类、制作工艺、纹饰艺术、功能特征，进而考察汉族民间袍服的结构特征、造物思想以及社会意义。本书不仅具有服饰文化的研究价值，还具有弘扬中华民族优秀传统、促进传统文化产业开发的应用价值以及彰显古代劳动人民精神智慧的人文价值。

本书可作为服装设计专业师生、设计师及爱好服饰文化的服饰艺术研究者参考用书。

图书在版编目（CIP）数据

臻美袍服/吴欣，赵波著. --北京：中国纺织出版社有限公司，2020.9（2024.6重印）

（汉族民间服饰谱系/崔荣荣主编）

ISBN 978-7-5180-7028-2

Ⅰ. ①臻… Ⅱ. ①吴 ②赵… Ⅲ. ①汉族—民族服饰—服饰文化—中国 Ⅳ.①TS941.742.811

中国版本图书馆CIP数据核字（2019）第266275号

策划编辑：苗苗 郭慧娟 责任编辑：杨勇
责任校对：楼旭红 责任印制：王艳丽

中国纺织出版社有限公司出版发行
地址：北京市朝阳区百子湾东里A407号楼 邮政编码：100124
销售电话：010－67004422 传真：010－87155801
http://www.c-textilep.com
中国纺织出版社天猫旗舰店
官方微博http://weibo.com/2119887771
北京华联印刷有限公司印刷 各地新华书店经销
2020年9月第1版 2024年6月第3次印刷
开本：787mm×1092mm 1/16 印张：16.25
字数：209千字 定价：88.00元

凡购本书，如有缺页、倒页、脱页，由本社图书营销中心调换

总 序
introduction

汉族民间服饰谱系概述

一、汉族的历史起源

华夏族是汉民族的前身，是中华民族的源头。❶ "华夏"一词最早见于周代，孔子视"夏"与"华"为同义词，所谓"裔不谋夏，夷不乱华"。另据《左传》襄公二十六年载："楚失华夏"，是关于华夏一词的最早记载。❷徐旭生所作的《中国古史的传说时代》认为，中国远古部族的分野，大致可分为华夏、东夷、苗蛮三大部族。华夏部族地处古代中国的西北，主要由炎帝和黄帝所代表的部落组成。❸ 华夏族是在三大部族的长期交流和战争中融合、同化而成的。炎帝部落势力曾经到达陕西关中，黄帝部落也发展到今河北南部。后来，东夷的帝俊部族和炎帝部族走向衰落，炎黄部落联盟得到极大发展。为了结束各部落集团互相侵伐的混乱局面，蚩尤逐鹿中原，但被黄帝在涿鹿之战中彻底打败。❹ 后以炎黄部落为主体，与东夷部落组成了更庞大的华夏部落联盟，汉民族后世自称"炎黄子孙"，应是源自于此。

---

❶ 陈正奇，王建国. 华夏源脉钩沉[J]. 西北大学学报：哲学社会科学版，2014，44（6）：69-76.
❷ 袁少芬，徐杰舜. 汉民族研究[M]. 南宁：广西人民出版社，1989.
❸ 徐旭生. 中国古史的传说时代[M]. 桂林：广西师范大学出版社，2003.
❹ 张中奎. "三皇"和"五帝"：华夏谱系之由来[J]. 广西民族大学学报：哲学社会科学版，2008（5）：20-25.

在炎黄部落的基础上，华夏族裔先后建立了夏、商、周朝，形成了华夏族的雏形。张正明认为"华夏族是由夏、商、周三族汇合而成"，及至周灭商，又封了虞、夏、殷的遗裔，华夏就算初具规模了。❶文传洋认为汉民族起源于夏、商、周诸民族，而正式形成于秦汉。❷谢维扬认为："夏代形成的文明民族，是由夏代前夕的部落联盟转化而来，这个民族就是最初的华夏族。"❸华夏族是民族融合的产物，春秋战国时期，诸侯之间的兼并战争，加强了中原地区与周边少数民族之间的联系，不同民族之间的战争与迁徙使各民族之间相互交流融合，华夏族诞生后又以迁徙、战争、交流等诸多形式，与周边民族交流融合，融入非华夏族的氏族和部落，华夏族的范围不断扩大，逐渐形成了华夏一体的认同观和稳定的华夏民族共同体。

秦王朝结束了诸侯割据纷争的局面，建立了中国历史上第一个中央集权的封建专制国家，华夏民族由割据战乱走向统一。王雷认为"秦的统一使华夏各部族开始形成一个统一的民族；从秦开始到汉代是汉民族形成的时期。"❹汉承秦制，在"大一统"思想的指导下，汉王朝采取了一系列措施加强中央集权，完成了华夏族向汉族的转化。徐杰舜指出："华夏民族发展、转化为汉族的标志是汉族族称的确定。汉王朝从西汉到东汉，前后长达四百余年，为汉朝之名兼华夏民族之名提供了历史条件。另外，汉王朝国室强盛，在对外交往中，其他民族称汉朝军队为'汉兵'，汉朝使者为'汉使'，汉朝人为'汉人'。于是在汉王朝通西域、伐匈奴、平西羌、征朝鲜、服西南夷、收闽粤南粤，与周边少数民族进行空前频繁的各种交往活动中，汉朝之名遂被他族呼之为华夏民族之名。……总而言之，汉族之名自汉王朝始称。"❺自汉王朝以后，在国家统一与民族融合中，汉族成为中国主体民族的族称。

总体来看，汉民族的形成伴随着华夏、东夷、苗蛮由原始部落向夏商周华夏民族稳定共同体的转变，并经历春秋战国时期的民族交流与融合，华夏一体的民族认同感逐渐形成。秦朝统一六国，并随着汉王朝的强盛完成了华

---

❶ 张正明. 先秦的民族结构、民族关系和民族思想——兼论楚人在其中的地位和作用[J]. 民族研究，1983（5）：1-12.

❷ 文传洋. 不能否认古代民族[J]. 云南学术研究，1964.

❸ 谢维扬. 社会科学战线[C]. //研究生论文选集：中国历史分册. 南京：江苏古籍出版社，1984.

❹ 王雷. 民族定义与汉民族的形成[J]. 中国社会科学，1982（5）：143-158.

❺ 徐杰舜. 中国汉族通史：第1卷[M]. 银川：宁夏人民出版社，2012.

夏民族向汉族称谓的转化，在秦汉大一统的时代背景下，汉族自此形成。

二、汉族民间服饰的起源与流变

汉族由古代华夏族和其他民族长期混居交融发展而成，是中华民族大家庭中的主要成员。汉族在几千年的历史发展过程中形成的优秀服饰文化是汉族集体智慧的结晶，是时代发展和历史选择的结果。汉族服饰在不断的发展演变中逐渐形成了以上层社会为代表的宫廷服饰和以平民百姓为代表的民间服饰，二者之间相互借鉴吸收，相较于宫廷服饰的等级规章和制度约束，民间服饰的技艺表现和艺术形式相对自由灵活，成为彰显汉族民间百姓智慧的重要载体。伴随着汉族的历史发展，汉族民间服饰最终形成以"上衣下裳制"和"衣裳连属制"为代表的基本服装形制❶，并包含首服、足服、荷包等配饰体系。❷

（一）汉族民间服饰的起源

汉族服饰的起源可以追溯到远古时期，最初人类用兽皮、树叶来遮体御寒，后来用磨制的骨针、骨锥来缝纫衣服。❸先秦时期是汉族服饰真正意义上的发展期，殷商时期已有冕服等阶级等别的服饰❹，商周时期中国的服装制度开始形成，服装形制和冠服制度逐步完备，形成了汉族服饰的等级文化。在汉族民间服饰的形成和发展阶段，受传统服饰等级制度的制约，贵族服饰引导和制约着民间服饰的发展，汉族民间服饰虽没有贵族服饰的华丽精美，但服装形制与贵族服饰大体一致。

上衣下裳是商周时期确立的服饰形制之一，上衣为交领右衽的服装形制，衣长及膝，腰间系带；下裳即下裙，裙内着开裆裤。周王朝以"德""礼"治天下，确立了更加完备的服饰制度，中国的衣冠制度大致形成。冕服是周代最具特色的服饰，主要有冕冠、玄衣、纁裳、舄等主体部分及蔽膝、绶带等配件组合而成，是帝王臣僚参加祭祀典礼时最隆重的一种礼冠，纹样视级别高低不同，以"十二章"为贵，早期服饰的"等级制度"基本确立。除纹样

---

❶《中华上下五千年》编委会. 中华上下五千年：第2卷[M]. 北京：中国书店出版社，2011.

❷ 袁仄. 中国服装史[M]. 北京：中国纺织出版社，2005.

❸ 蔡宗德、李文芬. 中国历史文化[M]. 北京：旅游教育出版社，2003.

❹ 袁仄. 中国服装史[M]. 北京：中国纺织出版社，2005.

外，早期服饰的等级性在服饰材料上亦有所体现。夏商时期人们的服用材料以葛麻布为主，只是以质料的粗细来区分差别。西周至春秋时，质地轻柔、细腻光滑、色彩鲜亮的丝绸被大量用作贵族的礼服，周天子和诸侯享有精美质料制成的华衮大裘和博袍鲜冠，以衣服质料和颜色纹饰标注身份。❶下层社会百姓穿着用粗毛织成的"褐衣"。

深衣是春秋战国时期盛行的衣裳连属的服装形制，男女皆服，深衣的出现奠定了汉族民间服装的基本形制之一。《礼记·深衣篇》载："古者深衣盖有制度，以应规矩，绳权衡。短勿见肤，长勿披土。续衽钩边，要缝半下。袼之高下可以运肘，袂之长短反诎之肘。"❷其基本造型是先将上衣下裳分裁，然后在腰部缝合，成为整长衣，以示尊祖承古，象征天人合一，恢宏大度，公平正直，包容万物的东方美德；其袖根宽大，袖口收袪，象征天道圆融；领口直角相交，象征地道方正；背后一条直缝贯通上下，象征人道正直；下摆平齐，象征权衡；分上衣、下裳两部分，象征两仪；上衣用布四幅，象征一年四季；下裳用布十二幅，象征一年十二月。故古人身穿深衣，自然能体现天道之圆融，怀抱地道之方正，身合人间之正道，行动进退合乎权衡规矩，生活起居顺应四时之序。深衣成为规矩人类行为方式和社会生活的重要工具。

（二）汉族民间服饰的流变

商周时期出现的"上衣下裳"与"衣裳连属"确立了中国汉族服饰发展的两种基本形制，汉族民间服饰在此基础上不断发展演进，在不同的历史时期出现丰富多彩的服饰形制。

1.上衣下裳制的服装演变

商周时期形成上衣下裳的基本服饰形制，以后历代服饰在此基础上不断发展完备，常见的上衣品类有襦、袄、褂、衫、比甲、褙子，下裳有高襦裙、百褶裙、马面裙、筒裙等，除裙子外常见的下裳还有胫衣、犊鼻裈、缚裤等裤子。

襦裙是民间穿着上衣下裳的典型代表，是中国妇女最主要的服饰形制之一，襦为普通人常穿的上衣，通常用棉布制作，不用丝绸锦缎，长至腰间，

---

❶ 吴爱琴. 先秦时期服饰质料等级制度及其形成[J]. 郑州大学学报：哲学社会科学版，2012，45（6）：151-157.

❷ 黎庶昌. 遵义沙滩文化典籍丛书：黎庶昌全集六[M]. 黎铎，龙先绪，点校. 上海：上海古籍出版社，2015.

又称"腰襦"。按薄厚可分为两种：一种为单衣，在夏天穿着，称为"禅襦"；另一种加衬里的襦，称为"夹襦"；另外絮有棉絮、在冬天穿着的则称为"复襦"。妇女上身穿襦，下身多穿长裙，统称为襦裙。汉代上襦领型有交领、直领之分，衣长至腰，下裙上窄下宽，裙长及地，裙腰用绢条拼接，用腰部系带固定下裙。秦汉时期的襦为交领右衽，袖子很长，司马迁就有"长袖善舞，多钱善贾"的描述。魏晋时期上襦为交领，衣身短小，下裙宽松，腰间用束带系扎，长裙外着，腰线很高，已接近隋唐样式。隋唐时期女性着小袖短襦，下着紧身长裙，裙腰束至腋下，用腰带系扎。唐朝的襦形式多为对襟，衣身短小，袖口总体上由紧窄向宽肥发展，领口变化丰富，其中袒领大袖衫流行一时。到宋代受到程朱理学思想的影响，襦变窄变长，袖子为小袖，并且直领较多，后世的袄即由襦发展而来。明代时上衣下裙的长短、装饰变化多样，衣衫渐大，裙褶渐多。

下裳除裙子外，裤子也是下裳的常见类型之一。裤子的发展历史是一个由无裆变为有裆，由内穿演变为外穿的过程。早期裤子作为内衣穿着，赵武灵王胡服骑射改下裳而着裤，但裤子仅限于军中穿着，在普通百姓中尚未得到普及。汉代时裤子裆部不缝合，只有两只裤管套在胫部，称为"胫衣"。"犊鼻裈"由"胫衣"发展而来，与"胫衣"的区别之处在于两根裤管并非单独的个体，中间以裆部相连，套穿在裳或裙内部作为内衣穿着。汉朝歌舞伎常穿着舞女大袖衣，下穿打褶裙，内着阔边大口裤。魏晋南北朝时存在一种裤褶，名为缚裤，缚裤外可以穿两裆铠甲，男女均可穿着。宋代时裤子外穿已经十分常见，但大多为劳动人民穿着，女性着裤既可内穿，亦可外穿露于裙外，裤子外穿的女子多为身份较为低微的劳动人民。

2.衣裳连属制的服装演变

汉族民间衣裳连属制的服装品类包括直裾深衣、曲裾深衣、袍、直裰、褙子、长衫等，属于长衣类。深衣是最早的衣裳连属的形制之一，西汉以前以曲裾为主，东汉时演变为直裾，魏晋南北朝时在衣服的下摆位置加入上宽下尖形如三角的丝织物，并层层相叠，走起路来，飞舞摇曳，隋唐以后，襦裙取代深衣成为女性日常穿着的主要服饰。

袍为上下通裁衣裳连属的代表性服装，贯穿汉族民间服饰发展的始终，是汉族民间服饰的代表性形制之一。秦代男装以袍为贵，领口低袒，露出里衣，多为大袖，袖口缩小，衣袖宽大。魏晋南北朝时，袍服演变为褒衣博带、宽衣大袖的款式。唐朝时圆领袍衫成为当时男子穿着的主要服饰，圆领右衽，领袖襟有缘边，前后襟下缘接横襕以示下裳之意。宋朝时的袍衫有宽袖广身和窄袖紧身两种形式，襕衫也属于袍衫的范围。襕衫为圆领大袖，下施横襕以示下裳，腰间有襞积。明代民间流行曳撒、褶子衣、贴里、直裰、直身、道袍等袍服款式。清代袍服圆领、大襟右衽、窄袖或马蹄袖、无收腰、上下通裁、系扣、两开衩或四开衩、直摆或圆摆；民国时期男子长袍为立领或高立领、右衽、窄袖、无收腰、上下通裁、系扣、两侧开衩、直摆；民国女子穿的袍为旗袍，形制特征为小立领或立领、右衽或双襟、上下通裁、系扣、两侧开衩、直摆或圆摆，其中腰部变化丰富，20世纪20年代为无收腰，后逐渐发展成有收腰偏合体的造型。

除上衣下裳和衣裳连属的服装外，汉族民间服饰还包括足衣、荷包等配饰。足衣是足部服饰的统称，包括舄、履、屦、屐、靴、鞋等。远古时期已经出现了如皮制鞋、草编鞋、木屐等足服的雏形，商周时期随着服饰礼仪的确立，足服制度也逐渐完备，主要以舄、履为主，穿着舄、履时颜色要与下裳同色，以示尊卑有别的古法之礼。鞋舄为帝王臣僚参加祭祀典礼时的足衣，搭配冕服穿着；屦则根据草、麻、皮、葛、丝等原材料的不同而区分，如草屦多为穷苦人穿着，而丝屦则多为贵族穿着。以后历代足衣的款式越来越多样，鞋头的装饰日趋丰富，从质地分，履有皮履、丝履、麻履、锦履等；从造型上看，履有笏头履、凤头履、鸠头履、分梢履、重台履、高齿履等。各个朝代也有自己代表性的足衣，如隋唐时期流行的乌皮六合靴，宋元以后崇尚缠足之风的三寸金莲，近代在西方思潮的影响下，放足运动日趋盛行，三寸金莲日渐淡出历史舞台，天足鞋开始盛行等，各个朝代丰富的足衣文化构成我国汉族服饰完整的足衣体系。

除足衣外，荷包亦是汉族服饰的重要服饰配件。荷包主要是佩戴于腰间的囊袋或装饰品，除作日常装饰外，也可用来盛放一些随用的小物件和香料。古时人们讲究腰间杂佩，先秦时期已有佩戴荷包的习俗，唐朝以后尤为盛行，一直延续到清末民初。荷包既有闺房女子所做，用于彰显女德，又有受绣庄订制由城乡劳动妇女绣制的用于售卖的荷包。荷包是我国传统女红文化的重要组成部分，除实用性与装饰性外还具有辟邪驱瘟、防虫灭菌的作用，寄托着佩戴者向往美好生活的精神情怀。

三、汉族民间服饰知识谱系

汉族民间服饰丰富多彩的服饰形制中不仅包含服饰的形制特色、服装面料、织物工具、色彩染料等物质文化遗产的诸多方面，还包括技艺表达、情感寄托、审美倾向、社会风尚等非物质文化遗产的表达。物质形态汲取民间创作的集体灵感，在形式表现上具有多样性，非物质文化遗产背后则蕴含着更多的情感寄托和人文情怀，是彰显民间百姓真善美的重要载体。汉族民间服饰知识谱系的建构有助于理清汉族民间服饰的历史脉络，挖掘其中蕴含的物质文化遗产与非物质文化遗产，探究其背后的时代文化内涵，促进汉族民间服饰文化的历史保护和文化传承。

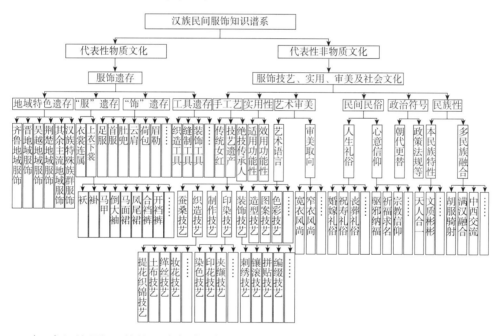

（一）汉族民间服饰的品种类别研究

现存汉族民间服饰包含多种不同形态的服饰品类，这些服饰品类不仅具有空间地域上服饰形制的显著差别，还涉及历史发展中服饰形制的接受与拒绝，既有对历史传统服饰形制的传袭与继承，也有为适应时代发展进行的改良与创新。汉族民间服饰品类的发展与变化既是个人审美时尚的标识符号，也是时代变迁和朝代更迭的物化载体。传统汉族民间服饰品类的研究有助于深究汉族民间服饰形制的演变规律和时代特色，还原其历史发展的真实面貌。

（二）汉族民间服饰的染织技艺研究

汉族民间服饰的染色表达多用纯天然的植物染色和矿物染色表现，染料的选择、染料的配比、染色的浓淡、染料的命名、固色的效果等都较为复杂，形成了自成一套的色彩表现方法，并创造出画绘、扎染、蜡染、蓝夹缬、彩色印花等多种染色方法。与汉族民间服饰的染色体系相似，在传统小农经济男耕女织的时代背景下，汉族民间服饰的织物获得除少数由购买所得，大都以家庭为单位自给自足手工生产制作，织造种类的确定、织造技巧的掌握、织造工具的选择、织造图案的表现、组织结构的变化等都是织物生产的重要环节。汉族民间服饰的染织技艺取材天然，步骤细致，过程繁杂，形式多样，是汉族百姓集体智慧和创造力的表现。

（三）汉族民间服饰的制作技艺研究

汉族民间服饰的制作基本都采用手工制作，历经几千年的发展，成为一门极具特色和科学性的手工技艺，凝结着古人的细密心思和卓越智慧。很多传统服饰制作手艺如"缝三铲一"的制作手法、"平绞针""星点针"等特殊针法、"刮浆"等古老技艺，以及传统装饰手法如镶、绲、嵌、补、贴、绣等所谓"十八镶"工艺等，这些极具艺术价值的传统制作工艺随着大批身怀绝技的传承人的去世面临"人亡艺绝"的窘境，亟待得到保护传承与文化研究。运用文字、录音、录像、信息数字化多媒体等方式对汉族民间服饰的裁剪方法与制作手艺进行记录与整理，对实物的制作流程、使用过程及其特定环境加以展现，保存这些具有独特性和地域性的传统技艺，形成汉族民间服饰制作技艺的影像资料，并从服装结构学、服装工艺学的角度进行拓展性研究，建立完善汉族民间服饰制作技艺的理论构架势在必行。

（四）汉族民间服饰的装饰艺术研究

汉族民间服饰的形制造型、图案表达、纹样选择、色彩搭配等诸多方面都是汉族民间服饰装饰艺术的重要表现形式，也是彰显内在个性、记录服饰习俗、表现社会审美倾向的外在物化表现。其中刺绣是汉族民间百姓最为常见的装饰手法，不同年龄、性别、群体、地域对刺绣的色彩和图案选择都有一定的倾向性，在表现汉族民间服饰内在审美心理的同时也是民俗文化和地域文化的体现。汉族民间服饰中蕴含的丰富的装饰技艺方法是美化汉族民间服饰的主要方式，使汉族民间服饰呈现出精致绝美的装饰效果，对汉族民间服饰装饰艺术的深入学习和理解不仅可以促进传统装饰技艺的保护与传承，同时可以为现代服饰装饰设计提供服务。

四、汉族民间服饰价值谱系

传统汉族民间服饰在历史发展中形成了丰富多彩的服饰形制，这些服饰形制是时代发展和历史选择的结果，不仅具有靓丽耀眼的外在形式，更具有璀璨深刻的精神内涵，是汉民族集体智慧的结晶。构建汉族民间服饰的价值体系，不是仅仅保留一种形式，更是保留汉族社会发展过程中的历史面貌，守护汉族民间服饰中蕴含的精神文化内涵，具有弘扬中华民族优秀传统服饰文化的理论价值、促进传统文化产业开发的应用价值以及彰显古代劳动人民精神智慧的人文价值。

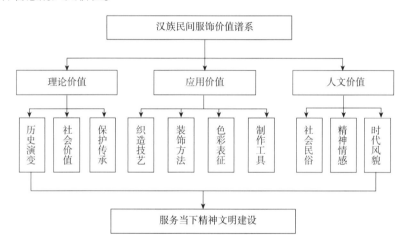

（一）弘扬民族文化的理论价值

传统服饰文化是中华民族优秀传统文化的重要组成部分，汉族民间服饰作为我国优秀传统服饰文化的重要内容之一，在展现劳动人民集体智慧的同时彰显时代发展的印记，是所处时代社会、历史、文化、技艺等综合因素的集中体现，是社会发展的物化载体。挖掘传统汉族民间服饰中的文化内涵，探索古代劳动人民的精神智慧，关注反映时代发展的社会风貌，有助于建设汉族民间服饰发展的理论体系，对弘扬中华民族优秀传统服饰文化起到引导和借鉴意义。

（二）文化产业开发的应用价值

当前，随着中国经济的强势崛起，中国传统服饰文化受到前所未有的关注，中国风在全球时装界愈演愈烈，市场意义深远。汉族民间服饰文化中有大量值得

借鉴的艺术形式，如装饰手法、搭配方式、色彩处理等。汉族民间优秀文化元素的创意开发，需要与时俱进地结合当下的审美观念和市场需求，在融合与创新中推陈出新，避免简单粗暴的元素复制，生产符合当下社会需求的文化产品，在推动民族服饰品牌发展的同时，促进人文精神的传承和文化产业的发展。

随着信息化进程的加速推进，全球一体化、同质化的趋势日趋鲜明，人文精神的力量和软实力的竞争日趋凸显。然而，中国优秀传统文化的流失使许多年轻人对本民族的传统文化认知不清，对传统汉族民间服饰的历史脉络及文化发展存在诸多错误的认知，对很多有关传统汉族服饰的概念理解也不甚清晰。传统汉族民间服饰承载着中华民族历史发展进程中优秀的民族文化，是展现民族智慧的物化载体，对汉族民间服饰的关注与保护有利于人文精神的彰显和民族文化的传承。

五、汉族民间服饰的特色符号阐释

汉族民间服饰有别于宫廷贵族服饰和少数民族服饰，具有原始质朴的特点。由于生产力的限制，男耕女织，植物染色，手工缝制，装饰图案，所有环节都依靠妇女手工或者简易机器完成，是小农经济下手工劳动的产物，在长期历史发展中，保留了一些独具特色的服饰文化符号。

（一）汉族民间服饰的主要特征

汉族民间服饰在历史发展中主要具有以下几个特征：（1）交领右衽。衽，本义衣襟。左前襟掩向右腋系带，将右襟掩覆于内，称交领右衽，反之称交领左衽。汉族民间服饰有一直沿用交领右衽的传统，这与古代以右为尊的思想密切相关，古人认为右为上，左为下。汉族民间服饰受少数民族的着装习惯影响也有着交领左衽的情况，但交领右衽是汉族民间服饰领襟形制的主流。（2）褒衣博带。指衣服宽松，腰间使用大带或长带系扎。受传统封建思想的影响，中国传统服饰强调弱化人体，模糊人体的性别差异，这与西方文化的穿衣理念中有意突出人体，强调性别特征形成对比。受中国传统"隐"的服装理念的影响，汉族民间服饰大都衣服宽松，忽视人体的性别特征。（3）系带隐扣。汉族民间服饰很少使用扣子，多在腋下或衣侧打结系扎。

（二）汉族民间服饰的代表性纹样

汉族民间服饰纹样以具有吉祥寓意的花卉植物图案、动物图案、器物图案、人物图案、几何图案为主。汉族民间服饰中常见的植物纹样有水仙、牡丹、兰花、岁寒三友、菊花、桃花、石榴、佛手、葫芦、柿子等，穿着时一般选择应季生长的植物，多表达"多子多福""事事如意""富贵平安"等吉祥化寓意。常见的动物纹样有蝙蝠、鹿、猫、蝴蝶、龟、鹤等动物形象。器物纹样有八宝纹、盘长纹、如意纹、暗八仙等。八宝象征吉祥、幸福、圆满。盘长纹原为佛教八宝之一，也叫吉祥结，回环贯彻，象征永恒，在汉族民间服饰中常用以表达子孙兴旺、富贵绵延之意。暗八仙为简化的八仙器物，祝寿或喜庆节日场合常常使用。如意纹在汉族民间服饰中常用以表达"平安如意""吉庆如意""富贵如意"的含义。此外，汉族民间服饰中常用八仙祝寿、童子献寿、寿星图、三星图等人物图案来表达吉祥长寿的美好愿望，或使用多种形式的寿字与不同的吉祥图案搭配，寓意福寿绵绵，人物纹样多以团纹或边饰纹样表现文学作品的故事情节。

（三）汉族民间服饰的色彩哲学

《左传·定公十年疏》："中国有礼仪之大，故称夏；有服章之美，谓之华。"可见"礼"是传统汉族服饰文化的核心内涵，汉族民间服饰亦不例外。《诗经邶风·绿衣》里曾有"绿衣黄里""绿衣黄裳"之句，给人感觉内容有关服饰色彩，其实《绿衣》是卫庄公夫人卫姜，因自己失位伤感而作。黄为正色，是尊贵之色，作衣里和下裳；绿为间色，是卑贱之色，反而作衣表和上衣。❶这是表里相反、上下颠倒，就像卑者占了尊位一样。汉族民间服饰的礼服与常服、上衣与下裳的着装色彩都有一定的规定。受传统阴阳五行观念的影响，传统汉族服饰的礼服常用正色，常服用间色；上衣用正色，下裳用间色；贵族服饰多用正色，平民服饰多用由正色调配出来间色。春秋时"散民不敢服杂彩"，普通庶民多穿着没有色彩的服色。中国民俗中传统汉族服饰以红色、白色历史较为悠久。红色具有热烈奔放的色彩特征，具有驱邪避灾的寓意，在婚礼、祝寿等喜庆场合广泛使用。白色在汉族民间服饰色彩中具有不祥寓意，多为葬礼时穿着，办丧事时不能穿戴鲜艳的服装和首饰，汉族民间服饰中红白喜事对红色和白色的使用已成为民俗习惯演变至今。

汉民族在长期历史发展过程中形成了独具特色的民间服饰文化，具有悠久的历史、丰富的种类、精美的造型、朴素的色彩，集物质文化与精神财富

---

❶ 诸葛铠. 裂变中的传承[M]. 重庆：重庆大学出版社，2007.

为一体，是体现民族自豪感和彰显民族凝聚力的核心所在，是时代发展和历史选择的见证者，体现了中国服饰发展悠久的历史文明。

六、汉族民间服饰传承谱系

汉族民间服饰文化是中华民族优秀服饰文化的重要组成部分，是数千年来我国汉族人民用勤劳的双手创造出来的智慧结晶，并与民间的社会生活、民俗风情、民族情感以及精神理想连接在一起，也是表达民俗情感、表现民间艺术的重要载体，反映了我国丰富多彩的社会面貌与精神文化，是我国重要的服饰文化遗产。在当下社会环境、自然环境、历史条件发生巨大变化的情况下，汉族民间服饰作为反映社会文化形态变迁最直接的物化载体，如何既保持汉族民间服饰文化的精髓，又能与时俱进以活态形式创新传承，使汉族民间服饰的优秀因子在时代更迭中不断创新，融入时代元素辩证发展，首先需要建立完整与完善的汉族民间服饰保护与传承体系。

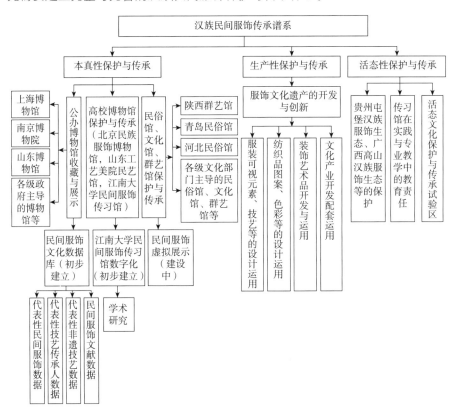

汉族民间服饰文化遗产的传承有三个目的。第一是保护。由于社会的变迁、重构而使生产方式、生活方式发生变化，传统汉族民间服饰的物质形态很难适应当下的社会需求，并且随着大批身怀绝技的传承者衰老去世，很多优秀的汉族民间服饰文化几近失传。对汉族民间服饰的物质形态和身怀绝技的传承者进行摸底考察，建立汉族民间服饰文化的应急保护措施是目前的当务之急。第二是传承。鼓励培养汉族民间服饰传承人，以融入现代生活为导向，增强汉族民间服饰文化的生存活力，将传统汉族民间服饰文化与当代时尚设计和生活方式相结合，将传统汉族服饰文化融入到现代生活中，同时加强汉族民间服饰的宣传展示与交流，推进汉族民间服饰文化的现代传承。第三是发展。汉族民间服饰中的优秀文化成分不能为了保护而束之高阁，也不能为了发展破坏良好的文化基因，需要结合当下文化发展的现实需要，实现传统汉族民间服饰中优秀文化元素的可持续发展。

传统汉族民间服饰文化遗产的保护与传承可以分为以下三种途径：其一是以博物馆为代表的本真性保护与传承。博物馆在汉族民间服饰文化的保护与传承中扮演着重要角色，是收藏汉族民间服饰物质载体和文化研究的重要机构。借鉴以中国丝绸博物馆为代表的一批在服饰文化遗产保护和传承方面做得较好的展馆的保护经验，对现存汉族民间服饰的品种类别、保存现状、数量体系等进行全面考察，建立汉族民间服饰的专门性展馆和在线博物馆数据展示平台，构建一个汉族民间服饰博物馆系统的完整服饰保存体系。

其二是进行生产性保护与传承。在社会变迁重构中，如果汉族民间服饰文化不能以物态化的形式进行价值转型与提升，势必会影响到汉族民间服饰的保护与传承。汉族民间服饰具有悠远的历史文明与服饰渊源，在保护汉族民间物质文化形态的同时，更要结合现代的时尚审美理念对其进行创新应用。重点借鉴传统汉族民间服饰中的艺术形式和装饰手法，吸收传统汉族民间服饰中蕴含的设计智慧，将汉族民间服饰中的优秀文化转化为符合当下需求的时尚商品，在市场竞争中重新焕发生机与活力。

其三是进行活态性保护与传承。目前在四川、云南等偏远地区少数民族仍保留有尚未被现代化浪潮冲击的汉族民间服饰的完整生存空间，如广西的高山汉族、贵州的屯堡等，这些完整的汉族民间服饰文化生存空间是展现汉族民间服饰的传统生存面貌、还原汉族民间生活方式的活化石。在保护展示

这些汉族民间服饰生存空间的同时保持其历史性、完整性、本真性、持久性是实现其可持续发展的重要原则。积极关注传统汉族民间服饰的历史空间及其发展动态，展示传统汉族民间服饰的原始形态，保护传统汉族民间服饰的物质形态及手工技艺，实现传统汉族民间服饰历史面貌的活态性保护与传承。

在国家文化复兴战略的社会背景下，汉族民间服饰作为我国优秀传统文化的重要组成部分，做好汉族民间服饰的保护传承与交流传播，思考从不同视角提升汉族民间服饰发展的有效方式，探讨未来汉族民间服饰文化的创新发展与实践应用，防止汉族民间服饰文化的快速流失，实现中华民族优秀服饰文化的可持续发展，促进文化自觉和文化自信的提升，顺应了中华民族文化复兴和时代发展的潮流，功在当代利在千秋。

崔荣荣

2019年12月于江南大学

小 序
preface

　　"袍服"究竟是什么？翻阅典籍、考古资料、走访博物馆，从最初的深衣到现代的旗袍，大家学说和史证研究赋予"袍"各种内涵。作为一名高校从事服装结构设计与工艺教学的服装技术史研究者来看，中国历史上袍服的演变，就是"衣裳连属"形制的演变——这类服装随着历史的演变在不同历史时期有不同的名称，款式、形制也随着生活方式、经济等而变化。从服饰史上看"衣裳连属"制类包括深衣、襕衫、直裰、褚子、长衫等。中国服饰历来有深厚的社会、政治象征意义，是规矩人类行为方式和社会生活的重要工具，从春秋两汉的深衣到唐朝的襕衫，宋明时期的直裰、褚子，直至清朝民国的长袍、长衫等都具有当时的社会政治属性。

　　从结构设计上看，"衣裳连属"包括上下分裁的接腰式和上下通裁的腰部无接缝式，这两种结构形制奠定了汉族民间服装的基本形制。深衣是上下分裁接腰式的形制，其基本造型是先将上衣下裳分裁，然后在腰部缝合，成为整件长衣，以示尊祖承古，象征天人合一，恢宏大度，公平正直，包容万物的东方美德。深衣分上衣、下裳两部分，象征两仪——上衣用布四幅，象征一年四季；下裳用布十二幅，象征一年十二月。后世历朝如唐朝的襕衫、明朝的曳撒等上下分裁形制的袍服无不具有这样的尊古属性。而魏晋南北朝时褒衣博带的袍衫、唐朝的圆领小袖袍衫，以及宋、明、清、民国时期的直裰、褚子、长衫等均为上下通裁形制的袍服，这些上下通裁的袍服由于制作的便捷性，在后世的流传更为广泛，穿着群体也遍及社会各阶层。早期袍服的穿着者多为男性，尽管也有女性穿着，但多为权贵女性，直到清朝以后，旗人男女皆着袍服的习俗逐渐影响到社会各阶层。民国时期，随着社会思想的开

放、西方文化的影响，女子穿旗袍成为风气，至此旗袍成为中国传统服饰形象的典范。

本书重点对近代袍服展开了研究，书中大量实物来自江南大学民间服饰传习馆。丰富的实物样本给了我们与先人对话的机会，无论是从技术角度还是生活、生理维度，使后人在面对每一件精美袍服时，脑海中总会勾勒出着袍之人的一颦一笑，更能感受到制作者的手势、力度等，让人不禁惊叹古人工艺之精湛，亦倍感传统服饰文化之魅力。

在本书的撰写过程中，研究生沈玉、刘可、牟洪静付出了很多。前两位同学在进行前期资料、图片的收集整理、实物资料的甄选时，放弃暑假休息，认真诚恳地工作。最终，在大家的努力下，书稿才得以按期完成。在此，对他们表示感谢。同时，还要感谢服饰设计与文化研究工作室团队崔荣荣教授、牛犁老师、胡霄睿老师、王志诚博士、丛天柱博士给予的支持和帮助！

由于时间匆促，书中难免有不足之处，还请各位专家、同仁批评指正！

吴欣

2019.11

目 录
c o n t e n t s

臻美袍服

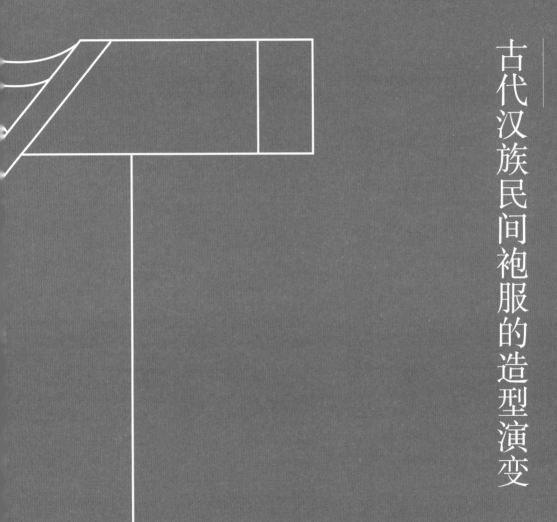

第一章

古代汉族民间袍服的造型演变

　　中国传统服装形制大体有两大类：一是上衣下裳制，二是衣裳连属制，这两大类服装形制贯穿了整个中国服饰发展史。其中衣裳连属的"袍"的形制自黄帝尧舜禹就已出现，《中华古今注》中记载："袍者自有虞氏即有之，故国语曰袍以朝见也"。《周礼·天官》中王后贵妇的"六服"，以及盛行于春秋战国时期的"续衽钩边"的袍式礼服——深衣，都可以看作是中国传统袍服发展的开端。深衣在历史上经历了春秋战国、两汉、魏晋的适时变化，演变成唐的襕袍，元的辫线袄、质孙服，明的曳撒，清的旗人袍服，民国以后的长衫、长袍，以及现今成为中国国际名片之一的旗袍，这些都是中国传统袍服形制随着历史的进程而演变发展的观照。

第一节　先秦袍服

　　先秦诸国分裂期间是中国袍服初步发展的时期，随着经济文化的发展，当时的袍服——深衣的款式和功能逐渐地发生了演变：先秦时期，作为当时主流袍式礼服的深衣逐步衰落，袍开始形成的雏形时期。本书把深衣作为袍服发展的前端，是从形式上对袍服定义延伸的界定：首先，袍服是将上衣下裳连属成一体的款式，其次，袍服的衣长较长，一般都过膝。而深衣也是上下连属的袍式服制。

一、先秦时期袍服形制与功能

　　先秦时期，周朝的社会生产力获得发展，纺织业较为发达，出现了穿着方便、款式新颖的早期袍服——深衣，形制为衣裳连属，是合衣、裳为一体的服装，长度大约在足踝之间。深衣裁制上的一个显著的特点是上衣下裳分开裁剪，制作时再缝接在一起，其目的是为了继承上代传统观念，尊重祖宗之法度。❶根据《论语》《汉书》等史料记载，先秦时期深衣和袍是有明显的区别，这种区别主要是象征性功能上的不同：深衣在当时属于礼服的一种，其制作有着严格的规定及寓意。而袍则有多种功能：既可作为礼服，又可作为常服，还可作为内衣。

在《周礼·天官》中就有关于袍服的明确记载："内司服掌王后之六服：祎衣、揄狄、阙狄、鞠衣、展衣、缘（褖）衣、素沙。"六服是当时王后、贵妇等不同等级女性的礼服，在用料和式样上差别不大，只是色彩、纹样各不相同。❷这"六服"均采用上衣下裳为一体的袍服形式，以隐喻女性感情的专一性，"六服"采取不同男性服制的形制，正是从袍服形制上赋以女性道德思想上的制约。

在宋卫湜《礼记集说》引《吕氏》中有对深衣长度的描述："短勿见肤，长勿被土"。此时的深衣是一种"简便之服，推其义类，非朝祭皆可服之，故曰，可以为文，可以为武，可以摈相，可以治军旅也"。也就是说，此时的深衣是任何人都可穿着的"便服"。在《汉书·舆服制》中亦曰："袍者，或曰周公抱成王宴居，故施袍。"就是说在周代，帝王以袍为常服，但不是用作正服而是当作宴居时的服装。在《论语》《释名·释衣服》等古代著作中也有对早期袍服功能的描述：《论语》注云："亵衣，袍襕（茧）也。"亵衣就是古代女子所穿的内衣。《释名·释衣服》："袍，苞也。苞，内衣也。"从这两处可以看出，袍在先秦时期主要是作为常服和内衣穿着的，战国马山汉墓出土的袍服形制也证明了早期袍服的形制功能。

---

❶ 黄能馥，陈娟娟. 中国服装史[M]. 北京：中国旅游出版社，1995.

❷ 缪良云. 中国衣经[M]. 上海：上海文化出版社，2000.

《周礼. 天官》中关于王后贵妇等的"六服"的规定：祎衣的样式为上下连属，衣为黑色，刻缯为翟(野鸡)而加以采绘，缝缀于衣上以为纹饰，衬里则用白色纱縠（素纱），以期透过纱縠能隐现出五采衣纹；揄狄是王后祭祀先公时穿的礼服，位次于祭先王的祎衣；侯伯夫人从君祭庙时亦着此。其式通为袍制，衣色用青，衬里用白，因衣上刻画着长尾野鸡（古称"翟"或称"狄"），故名揄狄；阙狄是贵妇的礼服，列位于祎衣、揄狄之下，上自后妃、下至士妻，参加祭祀及宴见时均可着之，衣式亦用袍制，外表用赤，衬里用白；鞠衣的使用更为广泛，后妃命妇皆可穿着，王后着此以躬亲蚕（古代礼仪:每年三月，由王后出面主持祭祀之礼,向先帝祷告桑事,以示"男耕女织"），九嫔、卿妻则用于朝会，衣式也用袍制，外表用黄，衬里用白；展衣是王后及大夫之妻在朝见君王、接见宾客时所穿的一种礼服，也是袍制，表里皆白；缘(褖)衣是王后的礼服，袍制，外表用黑，衬里用白。专用于礼见君王或燕寝。其他贵妇的服饰，各有等差：宫内嫔妃（古称"内命妇"），九嫔服鞠衣，世妇服展衣，女御服缘衣；授有尊号的官员母妻（古称"外命妇"），其服依其夫爵而定。

　　很多先秦时期的考古发现，如古蜀文明四川广汉三星堆出土的距今3000～5000年的青铜立人像、战国中晚期的湖北江陵马山一号楚墓（表1-1）、战国中期河南辉县固围村出土的魏国青铜人像、河南三门峡上村岭出土的战国跽坐人漆绘铜灯等实物中均有袍服形象的出现。

　　图1-1为四川广汉三星堆出土的青铜立人像，其头上戴冠，身躯细长，右臂上举，左臂屈于胸前，双手握成环状，着左衽长袍，前裾过膝，后裾及地，长袍上饰云雷纹，赤足配足镯。❶

　　湖北江陵马山一号楚墓❷出土了多件质地、色彩保存比较完好的袍服。沈从文先生将湖北江陵马山楚墓一号墓除冥衣外的所有袍服大致分为以下几个类型：

　　小袖式（窄袖式）：以编号N-1的素纱绵衣为例，衣长约148厘米，袖展开长216厘米，袖口宽21厘米，交领，后领口下凹。衣袖从肩部至袖口逐渐收缩变小。整体为上衣与下裳两大部件组合缝成，上、下以腰缝为界。腰缝以上用八幅织物对称斜拼而成，腰缝以下则用八幅织物竖拼而成。这种衣服，凹领窄袖，短小适体，面料用本色素料，不饰文采，应为贴身穿着冬服小衣或内衣，一般不会显露于外（图1-2）。

图1-1　青铜立人像　　　　　　　图1-2　马山一号楚墓出土的素纱绵衣（N-1）

❶ 赵殿增. 三星堆文化与巴蜀文明[M]. 南京：江苏教育出版社，2004：249.
❷ 湖北省荆州地区博物馆. 江陵马山一号楚墓[M]. 北京：文物出版社，1985：2.

大袖式：此种长衣马山一号楚墓共出土五六件，有单有绵。形制基本相同，特点是衣袖格外长大，两袖展开，长度250～350厘米。如编号N-15的绵衣，袍面材料为小菱纹绛地锦。衣长约200厘米，是墓主身高（墓主身主约为160厘米）的一倍多；两袖展开达345厘米，是墓中所出衣袖最长的衣服。该件衣服，以腰缝为界，将上衣与下裳两大部分缝合为一体，但上下不通缝、不通幅。此件衣服可能是一种家常冬装外衣，用料讲究而不华丽，典雅雍容（图1-3～图1-5）。其他袍服测量数据如表1-2所示。

图1-3　马山一号楚墓出土的串花凤纹绣绢绵袍（N-10）

图1-4　马山一号楚墓出土的小菱纹绛地锦绵袍（N-15）

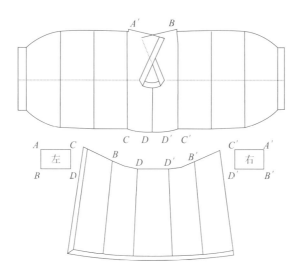

图1-5　马山一号楚墓出土的小菱纹绛地锦绵袍（N-15）剪裁图

直领式：马山一号楚墓中仅见一例，即为编号8-3A的单衣，出土时盛于小竹笥内，并附有墨书签牌，名为"绣衣"（图1-6）。衣长约45.5厘米，双袖展开长52厘米，直领对襟，背部领口下凹，形制犹如长褂，衣面绢地呈绛紫色，上面绣有凤鸟啄蛇纹样。衣领和衣袖皆以锦为缘，而衣襟与下摆以绣绢缘边。衣服裁剪既用料充分，又不失细节。

战国中期的河南辉县固围村出土魏国青铜人像车饰❶（图1-7）和河南三门峡上村岭出土的跽坐人漆绘铜灯❷中人物均着右衽缘边窄袖袍服（图1-8）。

图1-6 马山一号楚墓出土的绣衣（8-3A）　　图1-7 魏国青铜人像车饰　　图1-8 战国跽坐人漆绘铜灯

表1-1　湖北江陵马山一号楚墓出土袍服形制❸

名称	领型	门襟形式	收腰情况	裁剪方式	开衩情况	下摆造型	备注
素纱绵袍	交领	右衽大襟	无收腰	上下分裁	无开衩	直摆	后领口下凹
黄绢面绵袍	交领	右衽大襟	无收腰	上下分裁	无开衩	直摆	锦缘、领内外加精绣绦带
菱纹锦面绵袍	交领	右衽大襟	无收腰	上下分裁	无开衩	直摆	墓主身高约为160厘米

---

❶ 现藏于河南新乡博物馆。

❷ 现藏于河南省博物院。

❸ 湖北省荆州地区博物馆. 江陵马山一号楚墓[M]. 北京：文物出版社，1985：5-6.

表1-2　湖北江陵马山一号楚墓出土袍服测量数据

单位：厘米

名称	衣长	领缘宽	开长	袖宽	袖口宽	袖缘宽	腰宽	下摆宽	摆缘宽
素纱绵袍	148	4.5	216	35	21	8	52	68	
舞凤飞龙纹绣土黄绢面绵袍	140	3.1		35	20	9.5			
凤鸟花卉纹绣浅黄绢面绵袍	165	6	158	45	45	11	59	69	8
对凤对龙纹绣浅黄绢面绵袍N14	169	9	182	47	47	17	66	80	11
小菱形纹锦面绵袍N15	200	6	345	64.6	42	10.5	68	83	6
小菱形纹锦面绵袍N16	161	6	277	40	36.5	15	66	79	12
E型大菱形纹锦面绵袍N19	170.5	10.5	246	41	34	12	78	96	22
深黄绢面绵袍	171.5	4	166	41	33.5	17		73	6

马山楚墓源于公元前三四世纪，属战国中晚期。从史料和出土资料中可以看出该时期的袍服按袖子的宽窄不同可以分为三类：大袖式、宽袖式、窄袖式。它们的共同特点是交领、右衽大襟、无收腰、上下分裁、无刀衩、直摆，少部分袍服出现纹饰和彩绣。关于袍服的纹饰和彩绣，在湖南长沙陈家大山出土的战国楚墓出土的帛画《人物龙凤图》❶中有一穿袍（深衣）的妇女，所着长袍饰有卷曲的云纹图案，衣长及地，领、襟处镶黑色缘锦，阔袖窄口的式样很特别，后人将这种形状称为"垂胡形衣袖"，袖口有极宽的两色斜纹锦。其腰部束宽带，袍长曳地，呈曲裾式，如图1-9所示。

图1-9　湖南战国楚墓《人物龙凤图》

❶ 现藏于湖南省博物馆。

先秦时期袍服按功能分为常服袍和内衣袍两种，男女皆可穿。贵族常服袍多趋于瘦长，衣领趋宽，袍上织或绣有纹样，边缘较宽且多用厚质地的织锦，既能保证衣服的造型美，又能避免行走不便。

从形制上看，先秦时期的袍服在中国服装史上具有十分重要的地位，袍服款式多样，基本确立了传统袍服的款式特点。袍服款式上的特点主要表现在领、襟、袖及衣裾上：袍服领的式样丰富多彩，仅从造型上就分有方领、交领、斜领、直领。方领又称方盘领，始于先秦，流行在先秦及汉，直到宋代还在士大夫中延续，多用于冠婚、祭祀、宴居、交际等场合的服装。交领又称交衽，连于衣襟，穿着时两襟交叉叠压，故而得名，主要流行于先秦时期，多用于男女常服，不分尊卑，后逐渐减少。

袍服袖子款式造型一般由三个部分组成，近腋处称为腋，袖口称为祛，除去腋和袖口的袖身部分称为袂。无论袖子本身是大袖、宽袖、窄袖，腋的大小基本是固定的，即便是拖地的大袖，为了便于活动，腋也不会过大。祛一般用重锦边，古籍所谓"衣作绣，锦为缘"。袖口的形状也有窄口、宽口和大口之分。袂为袖中部位，是袖子的主体部分，所谓的大袖，主要是以肘关节为主的衣袂部分宽大。

袍裾就是袍的下摆，原本专指衣背下部，后泛指整个下摆，有曲裾、燕裾、长裾等。先秦时期的曲裾袍，在制作时需将袍服斜裁成三角状，连缀衣襟，穿着时衣襟相互交叠，尖端部位绕至身后，形成曲裾。下摆形如燕尾，称燕裾，在袍的下端缀以三角形装饰，一般采用多片。长裾及背部下摆很长，一般贵妇穿着行走时会有婢女手托长裾。

从袍服由内衣转变为外衣开始，袍服就开始有了装饰。先秦时期的宽袖袍服就有锦缘并且施以精致的彩绣，袍服的装饰部位起初以领袖为主。❶

先秦时期是袍服的发展初期，后世的袍服大都以此为基本型进行演变。先秦时期袍服的功能简单，还没有用作朝服、大礼服，除了帝王常服有装饰外，其他袍服基本无装饰，但是袍的种类很多，仅有史书明确记载的袍的名字就多达十余种，如先秦时期著作《庄子·让王》一文就明确记录了先秦的"褞袍"这一名称（图1-10～图1-13）。

---

❶ 沈从文，王㐨．中国服饰史[M]．西安：陕西师范大学出版社，2004：50-53．

图1-10　凤鸟纹绣浅黄绢面绵袍　　　　　图1-11　战国锦缘云纹绣曲裾衣彩绘俑

图1-12　清代江永《深衣考误》复原图

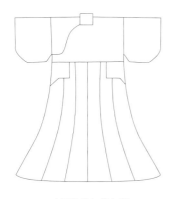
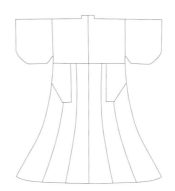

（图物名）前衣深　　　　　　　　　（图物名）后衣深

图1-13　日本诸桥撤次《大汉和词典》深衣图

二、先秦时期袍服的材料

春秋战国时期各国诸侯变法，提倡耕织，私营的城市手工作坊和官营作坊并存，农村男耕女织，手工业得到发展，其中纺织业和染业的发展对服装的发展起到很大的推进作用。纺织业有丝织、麻织、葛织，其中丝织品主要供统治阶级使用，庶民百姓主要服麻、葛制品。所以这一时期的袍主要是丝、麻、葛等材料织造的。服装用料中丝帛有绢、缣、绮、锦等，加之刺绣等工艺，和精致的麻织物一起成为贵族使用的衣料，周朝设有专门官吏，掌管生产供应，起初商人是不允许穿用这些高档织物所制服饰的。《礼记·玉藻》："士不衣织。"孔颖达曰："织者，前染丝后织者。此服功多色重，故士贱不得衣之也。大夫以上衣织，染丝织之也。士衣染缯。"意为士贱不能穿织锦质地衣服。《礼记·玉藻》又载："锦文珠玉成器不鬻于市。"可见锦为贵族的独占品，不得在市场上出售，一般人是不能服锦的。《管子·立政》："度爵而制服，量禄而用材……虽有贤身贵体毋其爵而不敢服其服，虽有富家多资毋其禄不敢用其材……刑余戮民，不敢服丝。"明确服饰与等级地位的关系。后随着商人财富及社会地位的提高和纺织生产的发展，大商人也可以穿从前贵族专用的织品，这就又反过来扩大了市场，促进了纺织业的生产发展。从而改变了服装用料的格局。

这个时期出现了按袍的衣料和填充物来命名的袍服，有绨袍、褞袍、绵袍等。《史记·范雎传》记载："'范叔一寒如此哉！'乃取其一绨袍以赐之。"这是记载战国时期秦相范雎装作穷人在秦国与旧日结怨之人见面，受其赐袍而恩怨得以化解的故事。绨是一种粗厚的丝织品，绨袍就是粗帛所制成的袍，色绿而有光泽，贫者用于御寒。当时同样是贫者用于御寒的还有褞袍，褞袍又称缊袍，纳有碎麻或新旧绵絮的袍。《庄子·让王》记载："曾子居卫，缊袍无表。"这是先秦时期对袍的记载，可见褞袍在先秦时期已经出现。还有一种名为绵袍的服饰是当时贵族所穿之袍，一般造型为窄袖大襟，絮丝绵。湖北江陵马山一号楚墓出土袍服中就有素纱绵袍、舞凤飞龙纹绣土黄绢面绵袍、凤鸟花卉纹绣浅黄绢面绵袍、对凤对龙纹绣浅黄绢面绵袍、小菱形纹锦面绵袍、E型大菱形纹锦面绵袍、深黄绢面绵袍等，多制作精美，可见在先秦时期，贵族御寒之袍多以绵袍为主。

中国对桑蚕的养殖和麻的应用非常早，所以在先秦时期有着明显的分类，贵族服丝织品，以纳有丝锦的袍御寒，以锦为贵，锦的价格贵重如金，所以锦字从帛从金。百姓贫者则只能以粗麻为衣料，纳乱麻等为絮来御寒。这都是受到当时社会背景的影响。根据湖北江陵马山一号墓出土袍服等资料分析，先秦时期华夏地区主要袍服用料有绢、绨、方孔纱、素罗、彩条纹绮、锦等。

第二节　秦汉袍服

　　秦始皇建立了中国历史上第一个中央集权的封建国家，尽管存在的时间非常短，但在历史上却占有非常重要的地位。秦始皇"兼收六国车旗服御"，服制也本于战国。西汉承袭秦制，大体沿袭深衣形式，东汉时建立了儒家学说体系的官服制度，袍服由西汉时期的曲裾过渡到直裾形式，这一时期也是袍服逐步走向成熟的时期，在传统袍服演变史中起着承上启下的作用。

一、秦汉时期袍服形制与功能

　　秦代服饰是战国服饰的延续，秦代历时14年，袍服没有太多的改变。从陕西秦始皇陵出土的文物中可以看出秦朝服装的基本形式，与战国时期基本一致。秦始皇陵兵马俑真人大小，制作写实，细节清楚。❶

　　图1-14和图1-15为秦始皇陵穿袍跪俑，跪俑穿右衽袍，长至膝盖以下，中衣领围在颈部，如围巾样、交领、窄袖、腰间系带。

　　图1-16为秦始皇陵马厩出土的秦代养马官员站立俑，穿右衽外袍，袍内还穿有一件袍，外袍为交领、窄袖、大襟、无开衩、腰间系带。

　　图1-17为秦始皇陵车驭手俑，其在马车上站立驾车，头戴冠，穿右衽交领长袍，腰间系细带，并在前面打结，该袍大襟、窄袖、无开衩。

　　秦朝袍服的特点为交领、多为右衽、无收腰、腰间系带、无开衩、窄袖、衣缘及腰带多为彩织装饰，花纹精致。

　　汉承秦后，多因其旧，大体上保存了战国、秦代的遗制。汉时期实行深

---

❶ 秦始皇陵博物院。http://www.bmy.com.cn/.

图1-14　秦始皇陵穿袍跪俑侧面　　　　图1-15　秦始皇陵穿袍跪俑正面

图1-16　秦始皇陵穿袍站立俑　　　　图1-17　秦始皇陵穿袍车驭手俑

衣制，特点是"蝉冠、朱衣、方心、田领、玉佩、朱履"，所服总称"禅衣"。"禅衣"是外层单衣，内有中衣、深衣。汉书《汇充传》中说："充衣纱縠禅衣"。官、民之禅衣在形式上没有差异，只是在原料和颜色上显示等级的不同。汉代袍服基本有两种类型，即曲裾和直裾。曲裾开襟从领曲斜至腋下；直裾开襟是从领向下垂直，又称为"襜褕"。汉代深衣形制无论男女，穿用极为普遍。❶湖南长沙马王堆汉墓的年代在公元前193年，属西汉初期。

---

❶ 袁杰英. 中国古代服饰史[M]. 北京：高等教育出版社，1995：53-60.

图1-18是湖南长沙马王堆一号西汉墓出土的褐色菱纹罗地"信期绣"曲裾丝绵袍。丝绵袍用"信期绣"褐色菱纹罗为面料，素绢里，缘用绒圈锦并饰白绢窄边，内填充丝绵絮。衣形为交领、右衽、曲裾式。衣袍由上衣和下裳两部分组成，上衣部分正裁，衣领部分很有特色，为交领，领口很低，以便露出里衣；下裳斜裁，底边略作弧形，上端长出的衽角在穿着时经胸前折到右侧腋后。按汉帛幅宽约50厘米计算，做一件曲裾丝绵袍需用帛32米，折合汉制14丈，比直裾式丝绵袍多用帛40%。

这件丝绵袍的菱纹罗面料最为雅致，它以粗细线条构成明暗相间的菱形花纹、菱环相扣紧凑、大小重叠组成对称图案，图样清晰秀丽，素洁大方。菱纹罗地上用细腻流畅的锁绣针法，绣满了变形的长尾小鸟，细密的线条透射出一种瑰丽奇特的梦幻效果，为汉代上乘的绣品。汉代人为深衣注入了丰富的想象空间，丝绵袍高贵雅致的面料、生动有趣的"信期绣"图案、灵活多变的绕襟曲裾式样，展现出绚丽多彩的汉服之美，成为汉代贵族妇女最时尚的穿着。

形制为右衽曲裾交领，上衣部分正裁共6片，身部两片宽各一幅，两袖各两片，袖一片宽一幅，一片宽半幅，6片拼合后，将腋下缝起，即所谓"裕"。领口挖成琵琶形。袖口宽28厘米，袖筒较肥大，下垂呈胡状。下裳部分斜裁共4片，各宽一幅，按背缝计（即所谓裻dú），斜度角为25°。底边略作弧形。

图1-18　褐色菱纹罗地"信期绣"曲裾丝绵袍

里襟底角为85°，穿时掩入左侧身后。外襟底角115°，上端长出60°衽角，穿时经胸前折往右侧腋后。袍的领、襟、袖均用绒圈锦斜裁拼接镶缘，再在外沿镶绢条窄边。该丝绵袍以幅宽50厘米的汉帛裁制，需23米长的面料，约合汉制10丈，包括衣里。❶

褐色菱纹罗地"信期绣"曲裾丝绵袍各部位具体尺寸为：衣长155厘米，通袖长243厘米，袖口宽27厘米，腰宽60厘米，下摆宽70厘米，领缘宽28厘米，袖缘宽30厘米，下摆缘宽28厘米（图1-19）。❷

图1-20是湖南长沙马王堆一号西汉墓出土的印花敷彩黄纱直裾绵袍。绵袍上衣部分正裁共4片，身部2片，两袖各1片，宽均1幅。4片拼合后，将腋下缝合。领口挖成琵琶形，领缘由斜裁的2片拼成，袖口宽25厘米，袖筒较肥大，下垂呈胡状。袖缘宽与袖口宽略等，用半幅白纱直条，斜卷成筒状，往里折为里面两层，因而袖口无缝。下裳部分正裁，后身和里外襟均用1片，宽各1幅。长与宽相仿。下部和外襟侧面镶白纱缘、斜裁，后襟底缘向外放宽成梯形，底角成85°，前襟底缘右侧偏宽。

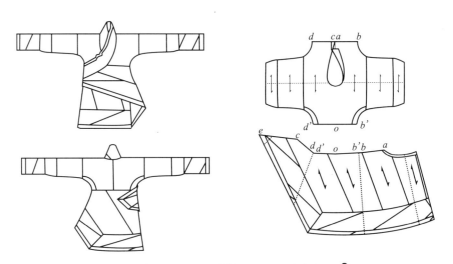

图1-19 褐色菱纹罗地"信期绣"曲裾丝绵袍款式图❷

---

❶ 黄能馥，陈娟娟．中国服装史[M]．中国旅游出版社，1995：110-114．
❷ 张玲．汉代曲裾袍服的结构特征及剪裁技巧——以马王堆一号汉墓出土的女性服饰为范例[J]．服饰导刊，2016，5（2）：49-54．

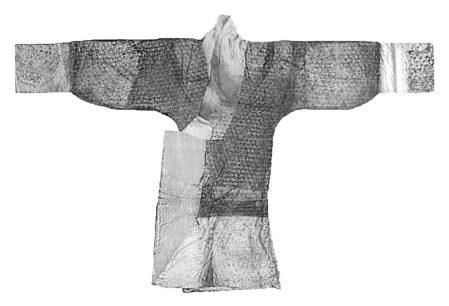

图1-20　印花敷彩黄纱直裾绵袍

　　印花敷彩黄纱直裾绵袍各部位的具体尺寸为：衣长132厘米，通袖长228厘米，腰宽54厘米，袖宽38厘米，袖口宽28厘米，领缘宽20厘米，下摆宽74厘米，袖缘宽37厘米（图1-21）。

　　图1-22是湖南长沙马王堆一号西汉墓出土的直裾素纱禅衣，右衽、交领、直裾，袖口较宽，领和两袖镶几何纹绒圈锦缘。整件服装以素纱为衣料，几何纹绒圈锦为缘饰，素纱是秦汉时期做夏服和衬衣的一种非常流行的衣料，它是指一种单色、纤细、稀疏、方孔、轻盈的平纹组织，是最为轻薄的织物。利用较为纤细的纱线织造出的平纹织物，因其经纬密度较小，故两纱线之间间隔较大，整体呈现出稀疏通风、轻薄飘逸的风格，周代即已广泛运用。其方孔纱的织物孔眼均匀，布满整个织物表面，织物密度稀疏，经线密度为58根/厘米，纬线密度为40根/厘米，因此素纱孔眼大，透光面积在75%以上，每平方米织物仅重12克，质地轻柔透亮。西汉直裾素纱禅衣是世界上现存年代最早、保存最完整、制作工艺最精、最轻薄的一件衣服，在中国古代丝织史、服饰史和科技发展史上有着极为重要的地位。

　　直裾素纱禅衣各部位尺寸为：衣长128厘米，通袖长190厘米，袖口宽27厘米，腰宽48厘米，下摆宽49厘米，领缘宽7厘米，袖缘宽5厘米。

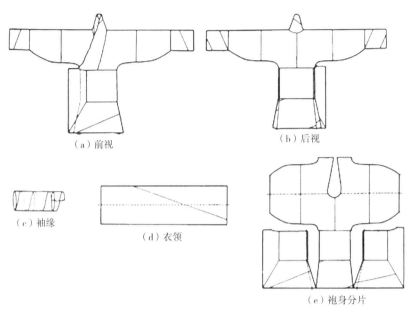

（a）前视　　　　　　　　　　　　　（b）后视

（c）袖缘　　　　　　（d）衣领　　　　　　（e）袍身分片

图1-21　印花敷彩黄纱直裾绵袍款式图

图1-22　直裾素纱禅衣

图1-23是与直裾素纱禅衣同时出土的曲裾素纱禅衣，衣长165厘米，通袖长195厘米，袖口宽27厘米，腰宽48厘米，衣重仅48克。可惜后被盗遭销毁，此为遗存照片。

图1-24～图1-26分别是湖南长沙马王堆一号汉墓帛画《升天图》的整体和局部。这幅T形帛画出土自长沙马王堆一号汉墓，也有人称其为"非衣"，整幅帛画绘制于丝绢上，内容可以分为上中下三个部分，分别描绘天上、人间、地下之景象，中间部分有一位老年贵妇拄杖而立，应该就是墓主人辛追，穿曲裾长袍，袍面布满纹饰，袖子宽大，袖口收紧。左侧两个端盘者带"刘氏冠"，分别穿黄袍和蓝袍，妇人身后有三位婢女，穿曲裾袍，分别为粉色、黄色和蓝色。这说明在西汉初年袍服以曲裾袍最为常见，直裾袍相对较少，人们的身份地位主要靠袍服的面料和纹饰、绣工加以区分，从色彩和款式上来看区别不大，另外画中成人袍服的领、袖皆为黑缘边，而两个男孩则未用黑色的领、袖缘边。

图1-23　曲裾素纱禅衣

图1-24 马王堆一号汉墓帛画中墓主人
及侍从（整体图）

图1-25 马王堆一号汉墓帛画中墓主人及侍从
（局部图）1

图1-26 马王堆一号汉墓帛画中墓主人及侍从（局部图）2

表1-3是长沙马王堆三号汉墓出土袍服情况，表1-4是其形制、测量数据情况。从此两表中可以看出，这一时期的袍服为交领、右衽、曲裾或直裾，袖口多窄袖，袍面多彩绣，絮丝绵，领、袖、下摆施缘。❶

表1-3　长沙马王堆三号汉墓出土袍服

名称	领型	门襟	裁剪方式	里	缘	备注
罗夹袍	交领	右衽	上下分裁	素绢	起绒锦	有窄绢边
褐色绢地"长寿绣"夹袍	交领	右衽	上下分裁	素绢	素绢	
罗丝绵袍	交领	右衽	上下分裁	素绢	起绒锦	袖为起绒锦
黄褐罗地"信期绣"丝绵袍	交领	右衽	上下分裁	素绢	素绢	
褐色绮夹袍	交领	右衽	上下分裁	素绢	素绢	
赫褐绢地"长寿绣"夹袍	交领	右衽	上下分裁	素绢	起绒锦	直缝
赫褐绢地"长寿绣"夹袍	交领	右衽	上下分裁	素绢	锦	有袍角结带
褐色绢地"乘云绣"夹袍	交领	右衽	上下分裁	素绢	素绢	右袍尖角
深褐色绢地"乘云绣"夹袍	交领	右衽	上下分裁	素绢	素绢	
罗丝绵袍	交领	右衽	上下分裁	素绢	素绢	
黄褐绢地"长寿绣"夹袍	交领	右衽	上下分裁	素绢	素绢	
素纱绵袍	交领	右衽	上下分裁	素绢	素绢	
黄褐罗地"信期绣"绵袍	交领	右衽	上下分裁	素绢	素绢	

---

❶ 湖南省博物馆. 长沙马王堆二、三号墓[M]. 北京：文物出版社，2004：41-42.

臻美袍服

表1-4 长沙马王堆三号汉墓出土袍服形制、测量数据

（单位：厘米）

名称	衣长	通袖长	领型	门襟	面	里	絮	备注
罗地"信期绣"丝绵袍	155	243	交领	右衽曲裾	"信期绣"菱纹罗	素绢	丝绵	绒圈锦袍缘
印花敷彩丝绵袍	130	236	交领	右衽直裾	绛红色印花敷彩纱	素纱	丝绵	

　　袍服从西汉流行的曲裾袍逐渐过渡到东汉流行的直裾袍，其功能逐渐由原来的内衣、常服逐渐演变成礼服。汉代袍服之制日益普及，不分男女均可穿着。特别是妇女，不唯用作内衣，平常家居也穿着在外。时间一长，袍服便演变成为一种外衣，形制也日益繁复，通常在领、袖、襟、裾等部位饰以缘边。《释名·释衣服》云："妇人以绛作衣裳，上下连四起施缘，亦曰袍。"这讲的也是袍服逐渐由内衣向外衣功能转变的情况。后来袍服的制作更为考究，装饰也日臻精美。一些别出心裁的妇女，往往在袍上施以重彩，并绣上各种美丽的花纹。久而久之，袍服便成为一种礼服，遇有喜庆吉事，甚至在隆重的婚嫁时刻也穿这种服装。一般妇女婚嫁时所穿袍服，其颜色及装饰与贵妇袍服有所不同。❶

　　汉代袍主要有几个特点：一是有单、有里、有表，或絮碎麻、丝绵（称夹袍或绵袍）。二是多交领、大襟、右衽、袂宽、祛窄。三是领口、袖口处绣纹样。袍的长短也不一样，文官袍长至踝骨或盖脚面，武将或劳动者袍长过膝。《后汉书·舆服志》载："通天冠，其服为深衣制。随五时色，近今服袍者，下至贱更小吏，皆通制袍、单衣，皂缘领袖中衣为朝服。"❷东汉永平二年（公元59年）开始将袍定制为朝服，以所佩印绶为主要官品标识。自此，袍服的功能开始了从内衣和常服到朝服的转变，从此官袍成为封建社会中的权位象征，从皇帝到小吏都以袍为朝服。形制上多为交领、大袖，衣袖由宽大的袂和往上收的祛组成，衣领和袖口处镶有花边，大襟开口较低，主要以衣料质地和色彩区分等级。

---

❶ 缪良云. 中国衣经[M]. 上海：上海文化出版社. 2000：24-27.
❷ 范晔. 后汉书·舆服志[M]. 北京：中华书局，2012：1100.

袍服根据款式外形分为曲裾袍、直裾袍、褋袍、大袍、重缘袍五种。

曲裾袍战国出现，西汉早期盛行，东汉时渐少，交领，领口低，袖有宽、窄两种，通常领、襟、裾、袖口有缘饰，通身紧窄，袍长曳地，下摆呈喇叭状。

直裾袍在西汉时出现，盛行于东汉，汉初多用于女服，东汉男女并用，裾平直，底部方正，穿着时裾和襟折向身后，东汉后期移至前身，而且官、民款式不分，不同官级间款式也无大的区别，但从出土实物中可以看出，身份越是高贵的人，袍的长度一般会越长。

直裾袍在两汉时有一个专有的名称，即"襜褕"，又称为"裎裕"。汉代扬雄《方言》曰："襜褕，江淮南楚谓之裎裕，自关而西谓之襜褕。"《说文·衣部》："直裾谓之襜褕。"襜褕与深衣的相同之处是衣裳相连，"被体深邃"；不同之处则在于深衣多用曲裾，而襜褕则用直裾。据《东观汉记》记载："耿纯率宗族宾客二千人，皆缣襜褕绣巾迎上。"二千名宗族宾客在奉迎皇上时，全部穿着襜褕，反映了这种服式在当时的流行程度。襜褕的质料既可为缣帛，又可为锦罽，还可为兽皮。除了平常家居及常朝礼见，襜褕还可用于祭祀。久而久之，曲裾深衣即被直裾襜褕所代替。❶

褋袍是缀有褋饰的长袍，《礼·杂记上》汉郑玄注："六服皆袍制，不禅，以素纱裹之，如今褋袍襌重缯矣。"唐孔颖达疏："汉时有褋袍，其袍下之襌以重缯为之。"大袍是宽敞的袍服，《后汉书·礼仪志上》："皆服都纻大袍。"❷

重缘袍是汉代妇女婚嫁所穿的礼服，以材料及色彩区分尊卑，因衣缘多达数层而得名。《后汉书·舆服志下》记载："公主、贵人、妃以上，嫁娶得服锦、绮、罗、缯，采十二色，重缘袍。"❸

二、秦汉时期袍服的色彩与材料

秦汉时期纺织业、染色业等服装相关产业有了长足进展，朝廷不仅把劝奖农桑作为国策，还将其当作考核地方官的重要指标。《四民月令》记载："三月条将治蚕室、乃同妇子，以秦其事。"❹汉代设织室令丞主管为官营的纺织机

❶ 缪良云. 中国衣经[M]. 上海：上海文化出版社. 2000：24-27.
❷ 范晔. 后汉书·礼仪志上[M]. 北京：中华书局，2012：956.
❸ 范晔. 后汉书·舆服志下[M]. 北京：中华书局，2012：1104.
❹ 崔寔. 四民月令[M]. 石声汉，校注. 北京：中华书局，2013：5.

构，如在长安设立的东西两织室，还设有平准令，专管染色，在当时的丝织业中心临淄建立三服官手工工场等。从史料和考古发掘的实物资料看，西汉的丝帛刺绣、东汉的锦织纹饰，其艺术发展水平之高超令今人钦佩。

秦汉时期纺织品的装饰手法多样化，印染、刺绣等工艺都有很大的发展。

史籍记载秦汉时期袍服按色彩命名的有青袍、绿袍、白袍、赤霜袍、皂袍和单缘袍六种，青袍在汉代是指青色布袍，男女皆服。此青袍和唐代官袍中的青袍有所区别，汉无名氏《古诗五首》之一："穆穆清风至，吹我罗衣裾。青袍似春草，长条随风舒。"绿袍在汉朝是指宽松大袖绿色之袍，官员着绿袍，一般平民着白袍。赤霜袍又名青霜袍，是粉红色袍服，神话传说中的妇女服用此袍。汉代班固《汉武帝内传》记载："夫人年可廿余，天姿清辉，灵眸绝朗，服赤霜之袍，六彩乱色，非锦非绣"❶。皂袍是官吏所穿的黑色常服袍，《后汉书·钟离意传》："帝每夜人台，辄见崧，问其故，甚嘉之，自此诏太官赐尚以下朝夕餐，给帷被皂袍，及侍史二人。"❷单缘袍是汉代妇女的一种袍服。汉制公卿列侯夫人以下，衣服襟、袖用单色缘边，故名"单缘袍"。袍分五色，用锦绣。❸

在长沙马王堆汉墓中出土的大量精美刺绣，多以单色的绢、纱、绮、罗等丝绸为地，使用多色丝线，采用锁绣的针法绣制而成。这些精美的绣品，表明汉代初期的刺绣工艺已经达到了极高的水平。按纹样划分，马王堆汉墓出土的绣品有信期绣、长寿绣、乘云绣、茱萸纹绣、云纹绣、贴羽绣、桃花纹绣等。其中信期绣、长寿绣和乘云绣是马王堆汉墓出土的众多绣品中最有名的品种。信期绣的主题花纹为写意的燕子，同时配以卷枝花草和穗状流云纹。由于燕子是定期南迁北归的候鸟，每年总是信期归来，故这种绣品得名"信期绣"。信期绣图案纹样单元较小，线条灵动细密，极富美感。乘云绣是以朱红、金黄、紫、藏青、绛红等多色绣线，绣出飞卷的如意头流云，以及在云中仅露出头部的凤鸟。乘云绣象征"凤鸟乘云"，寓意吉祥。茱萸纹绣等绣品的名称都是根据其纹样命名的，茱萸纹绣的图案由茱萸花、卷草纹和云纹等组成。汉代以茱萸为吉祥花，寓意消灾避难，长生不老（图1-27～图1-30）。❹

---

❶ 班固. 汉武帝内传[M]. 北京：中华书局，1985：8.

❷ 范晔. 后汉书·钟离意传[M]. 北京：中华书局，2012：414.

❸ 吴山. 中国历代服装、染织、刺绣辞典[M]. 南京：江苏美术出版社，2011：25.

❹ 湖南省博物馆，中国科学院考古研究所. 长沙马王堆一号汉墓[M]. 北京：文物出版社，1973.

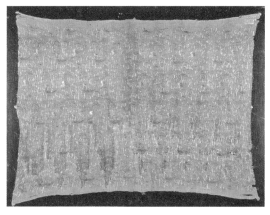

图1-27　信期绣

图1-28　乘云绣

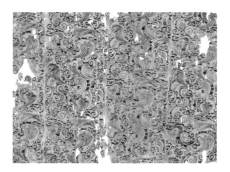

图1-29　长寿绣

图1-30　茱萸绣

　　纺织品色彩也丰富多样，用于纺织品染色的矿石染料主要有丹砂、空青、石黄等，植物染料主要有蓝草、茜草、红花、栀子、鼠李、紫草等。《中国染织史》记载："凸版印花技术在春秋战国时代得到发展，到西汉时已有相当高的水平。"[1]此外还有蜡缬、夹缬、绞缬的染缬工艺，浸染、套染、媒染的染色和彩绘等手法来丰富服饰的色彩。

　　秦汉时期，丝、麻、毛纺织技术都达到很高的水平。缫车、纺车、络纱、整经工具、脚踏斜织机等手工纺织机器已经广泛使用。织机、束综提花机已经产生，多色套版印花已经出现，服饰主要材料有丝帛、麻布、葛布和动物毛皮等，棉布开始初步进入边疆人民的生活领域。秦汉时期桑蚕业大为发展，从内蒙古和林格尔汉墓出土壁画中可以看出有养蚕的器物，由此可知

---

❶　吴淑生，田自秉. 中国染织史[M]. 上海：上海人民出版社，1986：98.

在东汉末年，内蒙古南部地区已经开始出现桑蚕业，加之黄河流域、长江流域等早已出现的桑蚕业，此时桑蚕业在全国基本得到推广普及。《淮南子》记载："原蚕一岁再登"，说明在秦汉时期已经有二化蚕出现，丝产量大大提高。地域上的推广和单位产量的提高都大大推动了纺织业的发展，这是这一时期服饰技艺发展、袍服成为礼服的经济原因之一。汉朝时张骞受命于朝廷出使西域，开辟丝绸之路，包括南、中、北三条路，使中国文化尤其是服饰文化可以和亚欧其他国家交流。王充《论衡·程材篇》记载："齐郡世刺绣，恒女无不能；襄邑俗织锦，钝妇无不巧"❶。《汉书·货殖列传》记载："齐鲁千里桑麻之地"❷。此两处可见临淄纺织业的繁华，对推动纺织业的发展起到了重要作用。

史籍记载秦汉时期袍服按材料分有锦袍、布袍、绨袍、绵袍、缊袍、毳袍六种。锦袍是用具有彩色花纹的丝织物所制成的袍，色彩斑斓华美，历代视作珍品，常用作朝廷对近臣、外邦的赏赐之物。《史记·匈奴传》记载："汉与匈奴约为兄弟，所以遗单于甚厚，绣袷长襦锦袷袍各一。"❸锦袍，又称衲袍，为僧侣所服之袍，因其色艳如锦，故名。布袍是布做的袍子，贫者服用。《后汉书·东夷传·三韩》："大率皆魁头，布袍草履。"❹绨袍是粗帛制成的袍服，作贫者御寒之用。《后汉书》："故孝文皇帝绨袍革舄，木器无纹，约身薄赋，时致升平。"❺绵袍是纳有绵絮的袍，多做成窄袖、大襟，内絮丝绵。长沙马王堆出土多件绵袍。缊袍又称褞袍，是纳有乱麻或絮旧绵的袍，作贫者御寒之用。《后汉书·桓荣传》："少立操行，褞袍糟食，不求盈余。"❻秦汉时期，中国的丝、麻、毛纺织技术都达到了很高的水平，纺织品更为丰富，可以用作袍服材料的有锦、绫、罗、绮、纱、绢、缟、纨、麻等。

秦汉时期经济、文化高度发展，车服礼仪制度更加完善，服装上基本是汉承秦制、秦承战国制度。袍服由曲裾逐渐演变为直裾，功能也从内衣、常服逐渐变为礼服，从先秦到秦汉，袍服无论是形制、功能，还是色彩、装饰、

---

❶ 王充. 论衡·程材篇[M]. 上海：上海古籍出版社，2010：34.
❷ 班固. 汉书·货殖列传[M]. 北京：中华书局，2007：785.
❸ 司马迁. 史记·匈奴传[M]. 北京：中华书局，2008：350.
❹ 范晔. 后汉书·东夷传·三韩[M]. 北京：中华书局，2012：858.
❺ 范晔. 后汉书[M]. 北京：中华书局，2012：310.
❻ 范晔. 后汉书·桓荣传[M]. 北京：中华书局，2012：373.

材料一直都在发生着变化，丝织品技艺有了新的发展。但是其上下分裁、交领、系带等特点一直未变，经过长时间的发展演变，秦汉袍服自身内部体系已经发展完备，袍服已经是一种成熟的服饰，它不但内部种类丰富，工艺考究，而且搭配也繁多丰富，秦汉时期袍服在很大程度上已经被视为正宗传统文化的象征。

第三节　魏晋南北朝袍服

魏晋南北朝是中国历史上各民族交流互融的重要时期，胡汉杂居，南北交流，在各民族文化的碰撞和影响下，中国服饰文化进入一个新的发展时期。其表现在两个方面：一是这一时期玄学兴起，形成了注重审美、向往自然和追求超逸的价值观。文士们提倡以漂亮的外在风貌表现高妙的内在人格，追求内外完美统一，这种新的审美观念影响并改变了整个社会的审美习惯，给南北朝时期的服装带来了新的风貌。其服饰表现为着宽松袍衫、领多敞开、袒露胸，所谓"褒衣博带"正是受到当时社会背景的影响所兴起。二是胡汉文化的互相影响，出现了各种新的服饰形式——裤褶、裲裆、半袖衫等，这都是从北方游牧民族传入中原汉族地区的，由于具有优越的功能性，从而丰富了汉族传统的服饰形态。

一、魏晋南北朝时期袍服形制与功能

（一）魏晋南北朝时期袍服的形制

魏晋南北朝时期出土的服饰实物资料较少，但在绘画、壁画等艺术作品中也能发现那时的着装形态。魏晋名士在老庄思想的影响下，追求自由，在服饰上出现了不同于汉朝的大袖袍衫、交领直襟、长衣大袖、袖口宽敞不收缩。因穿着方便，又符合当时兴起的思潮，所以相习成风，在全民中开始普遍流行。

魏晋时期上自王公名士，下及黎民百姓，皆以宽袍大袖、褒衣博带为尚。这种风习一直影响到南朝。现存于上海博物馆的《唐孙位高逸图卷》中人物即着此类服饰（图1-31）。现存于大英博物馆的《洛神赋图》（宋摹本）中人物的服饰（图1-32）亦属此类。现存于大英博物馆的《女史箴图》（唐摹本）中的人物服饰多为交领、广袖、袍长坠地（图1-33）。敦煌壁画所绘这个时期的妇女服装，也是褒衣博带，大袖翩翩，衣服的样式以对襟为多，领、袖镶织锦缘边，在衣袖的边上，往往还缀有一块不同颜色的贴袖。下身多穿条纹间色裙，腰间用帛带系扎（图1-34）。

魏孝文帝改革服饰，要求本民族人民穿汉服，但反过来汉族人民却喜爱胡服便捷的实用功能，因此在民间，胡服对汉族人民的影响很大，在汉族地区出现了很多胡汉结合的服装。比较明显的是服装式样由上长下短变为"上俭下丰"，由褒衣博带变为窄袖紧身。东晋干宝《晋纪》在记述当时妇女服装习俗时称："泰始初，衣服上俭下丰，著衣者皆压腰。"这与当时诗文所谓"细

图1-31 《唐孙位高逸图卷》（局部图）

图1-32 《洛神赋图》（宋摹本）

图1-33 《女史箴图》（唐摹本）

图1-34 敦煌第285窟南壁得眼林故事画（西魏大统五年）

腰宜窄长""缕薄窄衫袖"的说法一致。这种细腰、窄袖、上衣短小而下裳宽大的服装样式，在这个时期的陶俑、壁画上都有反映，尤以南京石子岗出土的陶俑为典型，人物所穿服装线条简洁明了，极适合劳作。这类上俭下丰、窄袖、直襟甚至套头式的袍服与现代服装极为相似，如图1-35所示。❶

南北朝时期流行的服装中最能代表民族文化交融的服装，当属裤褶、裲裆、半袖衫，其中裤褶原是北方游牧民族的传统服装，其基本款式为上身穿齐膝大袖衣，下身穿肥管裤。《急就篇》颜师古注褶字说："褶，重衣之最在上者也，其形若袍，短身而广袖。一曰左衽之袍也。""褶"在胡服中的款式为左衽，左衽是北方少数民族和西域胡人的衣服款式，与汉族传统右衽的习惯不同。"褶"传至汉族地区后，由于其实用的功能，逐渐被汉族人民接受并改良，如南朝裤褶的衣袖和裤管就非常宽大，即广袖褶衣，大裤口，这种形式又反过来影响了北方的服装款式。从款式结构上看，褶服就是稍短些的袍服，如图1-36为西安草厂坡出土的穿裤褶持弓武士俑，图1-37为河南邓县南北朝画像中穿大裤口裤褶的门官❷，图1-38是敦煌第288窟东壁北魏供养人穿裤褶的仆从。

图1-35　南京石子岗六朝墓陶俑

图1-36　穿裤褶持弓武士俑

❶ 缪良云. 中国衣经[M]. 上海：上海文化出版社，2000：38-40.
❷ 黄能馥，陈娟娟. 中国服装史[M]. 北京：中国旅游出版社，1995：130.

图1-37　穿大裤口裤褶的门官

图1-38　北魏供养人穿裤褶的仆从

　　魏晋南北朝时期袍服款式上的变化主要表现在领、襟、袖、衣裾、纽扣。曲领是一种宽阔的围领，一般连缀在襦袍之上，因宽大而曲得名，魏晋南北朝时期士庶男女日常家居均可服用。圆领是贴身围合脖子的圆形领子，汉魏以前多用于胡服，北朝时期传入中原，男女皆可穿服。魏晋南北朝时袍服襟的样式也很多，主要有绕襟、大襟、左襟、直襟等。袍服的袖子款式基本由袍服本身的用途决定，贵族妇女的礼服多用大袖，彰显身份。老百姓日常劳动一般用紧身窄袖，便于活动。夏季为了透气凉爽以宽博为主，冬季为了保暖以紧身窄袖为主。舞者出于表演需要，有时袖长达普通袖长数倍。魏晋时期男女袍服多用直裾式。

　　北朝习俗流行圆领，圆领款式遂通行于四方。袍服领型的发展演变之状，起初先秦及秦汉时期为交领形制，后自北朝时，受北方少数民族影响，逐渐将圆领在全国传播开来，并成为千余年来袍服的主要领型。由此可见即便是平面裁剪的中国传统服饰，在有些特殊部位也是经过从人适应衣到衣适应人的过程，扣子等集功能与装饰于一身的部件也随着领型的改变而改变着。

（二）魏晋南北朝时期袍服的功能

　　袍服功能是随着社会、经济、文化的演变而改变的。袍服在魏晋南北朝时期开始成为当时社会的流行服饰之一，魏晋南北朝是我国古代服装大变动的时期，这个时期由于战争等因素，大量的胡人移居中原，胡服便成了当时流行的服装。紧身、圆领、开衩的特点，使得穿着者行动便利。这也是其成为便服的主要原因之一。受北方少数民族特色袍服的影响，袍服的特点成为上衣变短如褶服，一般长过膝盖；衣领有交领、圆领之分；衣袖多为窄袖。魏晋南北朝之际这种袍服传入我国南方，逐渐成为时尚服装，交领、圆领、直领并存，窄袖、广袖并行。连体通裁是自北朝后袍服的一大特征，袍服上下彻底成为一体，发展成为连体通裁的服装。先秦的袍服分裁连体，到东汉后袍服腰线基本消失，之后南北朝的袍出现上下通裁，并在全国逐渐流行开来。

二、魏晋南北朝时期袍服色彩与材料

（一）魏晋南北朝时期袍服色彩

从色彩上看，这一时期的面料色彩丰富、种类繁多。绯袍是红色袍服，南北朝时贵贱通用。《古今注·中华古今注·苏氏演义》卷中记载："旧北齐则长帽短靴，合胯袄子，朱紫玄黄，各从所好，天子多着绯袍，百官士庶同服"。❶黄袍是黄色袍服，原无等级，百官皆服，士庶阶层也可穿着。自隋代起才正式成为朝服，唐朝668年开始专属皇帝服用。❷紫袍是紫色的袍服，北朝皇帝常服，隋代以后为官服的一种。《周书·李迁哲传》："军还，太祖嘉之，以所服紫袍、玉带，所乘马以赐之，并赐奴婢三十口"。❸白袍是白色袍服，这一时期为军士所服。《梁书·陈庆之传》："庆之麾下悉著白袍，所向披靡"。❹魏晋南北朝是以绯袍、黄袍、紫袍和白袍为主，从色彩上来说，绯袍、黄袍和紫袍开始大量出现，并被贵族所喜爱从而在特定人群中流行开来。这一时期国家分裂、社会动荡，服装色彩的等级也少有严格的规定，如绯袍和黄袍就一度在皇帝及官员中流行。

这一时期除了以色彩命名的袍服之外，不同朝廷的袍服还各有其对色彩的要求。南朝天子朝会要穿绛纱袍及黄、白、青、皂诸色袍，三品以下官员不得穿杂色绮，六品以下只能穿彩色绮，也有禁令，庶人不得服五彩，只得服青、白、绿。《渊鉴类函》引《晋令》："士卒百工履色无过绿、青、白"。

❶ 崔豹. 古今注·中华古今注·苏氏演义[M]. 马缟，集. 苏鹗，纂. 北京：商务印书馆，1956：105.

❷ 周汛，高春明. 中国衣冠服饰大辞典[M]. 上海：上海辞书出版社，1996：199.

❸ 令狐德棻，等. 周书[M]. 北京：中华书局，1974：499，124.

❹ 姚思廉. 梁书·陈庆之传[M]. 北京：中华书局，1973：189.

北朝则不同，除效仿汉制的孝文帝改革外，大多朝代没有严格的服饰规定，任其穿着。沈括《梦溪笔谈·卷一·故事一》记载："中国衣冠，自北齐以来乃全胡服。"《旧唐书·舆服志》记载："北朝则杂以戎夷之制，朱紫玄黄，各任所好。"❶总之，袍服的色彩在一个特定时期的规章制度及流行都是深受当时社会的政治、经济、文化影响。

（二）魏晋南北朝时期袍服的材料

从材料上看，这一时期的面料丰富、种类繁多。单史书明确记载这一时期袍服按制作材料命名的，就有绛纱袍、碧纱袍、绫袍、罗袍四种。

绛纱袍简称绛袍，又称朱纱袍。晋朝帝王朝会的袍服，以红色纱为之，红里。领、袖、襟、裾俱以皂缘。交领大袖，下长及膝。其后隋、唐、宋、明皆习之。《通典·卷六十一》记载："晋……朝服，通天冠、绛纱袍"。❷

碧纱袍是绿色纱袍，多用于贵族。晋陆翔《邺中记》："石虎临轩大会，著碧纱袍。"❸

绫袍是以单色菱纹制成的长衣，魏晋南北朝时不分贵贱皆可服用。《晋荡公护传》记载："汝时著绯绫袍、银装带，盛洛著紫织成缬通身袍、黄绫里，并乘骤同去。"《古今注·中华古今注·苏氏演义》卷中："北齐贵臣多著黄文绫袍，百官士庶同服之。"《三国志·卷二十九·杜夔传》裴松之引傅玄序注云："马钧乃扶风人，巧思绝世，天下名巧也。其为博士居贫，乃思绫机之变，旧绫机五十综者五十蹑，六十综者六十蹑，先生患其丧功费日，乃皆易以十二蹑，其奇文异变，因感而作者，犹自然之成形，阴阳之无穷。"绫是在绮的基础上发展起来的，正是由于马钧的改革，使得绫的产量在这一时期大大提高。《古今注·中华古今注·苏氏演义》记载："北齐贵臣多着黄纹绫袍"。可见绫在这一时期开始被广泛使用，绫袍也是在此时开始流行的。

罗袍是以罗制成的袍子，《北齐书·杨愔传》："自尚公主后，衣紫罗袍，金缕大带"。❹

---

❶ 刘昫，等. 旧唐书·舆服志[M]. 北京：中华书局，1975：827.
❷ 杜佑. 通典·卷六十一·礼二十一·沿革二十一·嘉礼六[M]. 王文锦，王永兴，等，点校. 北京：中华书局，2013：3.
❸ 陆翔. 邺中记[M]. 北京：商务印书馆，1937：9.
❹ 李百药. 北齐书·杨愔传[M]. 北京：中华书局，1973：313.

南北不同朝廷、不同时期，袍服所用材料也是深受当时、当地的政治、经济、文化影响。战乱引起的人口大迁徙使得这一时期经济格局发生了变化，大量人口向东北、西北、巴蜀和江淮以南转移，西晋末年南方地区进一步发展，尤其是江淮流域和太湖流域大面积荒地得到开垦，形成当时中国新的财富区。这打破了两汉时期关中、中原先进、四周越远越相对落后的经济格局，也为经济中心南移和纺织中心从齐地移往吴越地区打下了基础。

这一时期，养蚕技术取得较大进展，其中重要的有低温催青法、盐腌杀蛹法和炙箔法。低温催青法在《齐民要术·卷五·种桑柘》引晋《永嘉记》中记载："取蚖珍之卵藏内瓮中，随器大小亦可，十纸。盖覆器口，安硎泉冷水中，使冷气折出其势，取得三七日，然后剖生养之"。盐腌杀蛹法在《齐民要术·卷五·种桑柘》中记载："用盐杀茧，易缫而丝韧，日晒死者，虽白而薄脆。缣练衣著，几将倍矣。甚者，虚失藏功，坚脆悬绝"。❶另梁陶弘景《药总诀》记载："凡藏茧，必用盐官盐。"炙箔法，则是用火烤法进行杀蛹练丝。另外，这一时期麻类纤维仍被广泛使用，尤其在南方地区。

第四节　隋唐袍服

隋唐时期是中国古代社会的鼎盛时期，创造了丰富多彩的服饰文明，当时服饰文化昌盛、服饰种类众多，有记载的袍类名称就有33种之多，这与政治、经济、文化制度是密不可分的。隋唐时期是经历了长达三百多年的三国两晋南北朝分裂和动乱后统一起来的朝代，历经战争、迁徙、商贸等交流，经历了空前的民族大融合，故唐代的政治制度较往年制度来讲更是开明。据《资治通鉴·卷一九八》"太宗贞观二十一年"中记载："自古皆贵中华，贱夷狄，朕独爱之如一"，❷这从侧面反映当时政治制度的开明，统治者对少数民族的包容及对各民族平等的态度，为后来唐朝服饰多样化的发展流行打下了政治基础。

---

❶ 贾思勰. 齐民要术·种桑柘[M]. 北京：中华书局，2009：162-164.
❷ 司马光. 资治通鉴·唐纪[M]. 北京：中华书局，2007：424.

一、隋唐时期袍服的形制与功能

唐代疆域广大，政令统一，物质丰富，对于外来文化采取开放政策。国家强大，人民充满着民族自信心，由于强大的民族自信心和凝聚力的作用，外来异质文化，一经大唐文化吸收，便自然成为大唐文化的补充和滋养，服饰文化都在华夏传统的基础上，吸收融合域外文化的影响而推陈出新，这是唐代服饰雍容大度、百美竞呈的缘由。

唐朝的袍服跟以前没有根本性的改变，款式逐渐简单起来，长袍成了最常见的衣着。此时的袍服袖子较细窄，襟裾较短，仅及踝部，甚至有些短袍仅过膝部，衣身较紧凑，采用圆领或大翻领。这样的袍服节省原料，活动也很方便，所以在社会上流行较快较广。在河南、陕西、山西等地出土的唐代陶俑，敦煌、龙门等地的石窟中的壁画、造像，陕西永泰公主墓、章怀太子墓出土的壁画、石刻等众多古代艺术作品上可以了解到这时各种式样袍服的详细式样。❶

唐朝服装，主要是圆领袍衫。袍衫的用途非常广泛，除了色彩上有些限制外，其他款式形制上无高低贵贱等级之分，人人皆可穿着，甚至男女不分款。隋唐时期袍服款式形制上有新的变化，较为典型的有缺胯袍（袴）、襕袍、衫袍、帢帽、披袍等。

圆领缺胯袍是唐代典型的胡服汉化服装：圆领、直裾、左右开衩，又称四褛（zhuàn，衣缘也）衫，这种左右开衩的袍服形制源于游牧民族骑马的功能需要。《新唐书·李训传》载："孝本易绿袴，犹金带，以帽障面，奔郑注，至咸阳，追骑及之。"❷有关于袴的记载还有《广韵·马韵》："袴，袴衫，袴袍也"，因为其开衩直至胯部，故以"缺胯"命名。唐李贤墓东壁仪卫，男子就身穿缺胯袍，头裹抹额，佩剑袋、虎尾、豹尾。❸敦煌壁画中，男子民间乐人穿各色缺胯袍（图1-39）。

襕袍又称襕带，官吏、士人所穿之袍，是唐朝的常服。唐制规定："服袍者下加襕，绯、紫、绿皆视品，庶人以白。"❹圆领窄袖，袍长过膝，膝盖处施

❶ 赵超，熊存瑞. 中国古代服饰巡礼[M]. 成都：四川教育出版社，1996：89-90.
❷ 欧阳修，宋祁. 新唐书·李训传[M]. 北京：中华书局，1972：24-22.
❸ 黄能馥，陈娟娟. 中国服装史[M]. 北京：中国旅游出版社，1995：130.
❹ 欧阳修. 新唐书·卷二四·车服志[M]. 北京：中华书局，1982.

（a）　　　　　　　（b）　　　　　　（c）　　　　　　　（d）

图1-39　缺胯袍

一横襕，以象征衣裳分制的古代服制，初见于北周，至唐形成制度，以后历代沿用，《古今注·中华古今注·苏氏演义》卷中："自贞观年中，左右寻常供奉赐袍。丞相长孙无忌上仪请于袍上加襕，取象于缘，诏从之。"[1]襕袍衣袖分直袖式和宽袖式两种，窄紧直袖的称为裯衣，《释名》说它"言袖夹直，形如沟也"。衣服前后身都是直裁的，在前后襟下缘各用一整幅布横接成横襕，腰部用革带紧束。这种款式便于活动（图1-40、图1-41）。

（a）　　　　　　　　（b）　　　　　　　　（c）　　　　　　　（d）

图1-40　襕袍

---

❶ 崔豹. 古今注·中华古今注·苏氏演义[M]. 马缟，集. 苏鹗，纂. 北京：商务印书馆，1956：35.

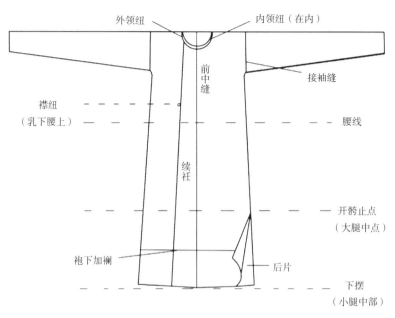

外领纽　　　　　内领纽（在内）

前中缝

接袖缝

襟纽
（乳下腰上）

腰线

续衽

开胯止点
（大腿中点）

袍下加襕

后片

下摆
（小腿中部）

图1-41　襕袍款式图

图1-42　衫袍

衫袍则是宽袖大裾的款式，可表现出潇洒华贵的风度，上自帝皇、下至厮役都可以穿，盛唐时期《簪花仕女图》中的女子即穿宽袖大袍衫、绣花披帛、高腰抹胸长裙（图1-42）。

恰帽又称袷褶，袍之一种，《古今注·中华古今注·苏氏演义》卷中："隋改江南，天子则曰恰帽，公卿则曰褐襦。"袷褶在款式上与魏晋南北朝时期的裤褶非常接近，也可以说是裤褶的延续发展，这也显示了袷褶（裤褶）的实用便捷性。前面也提到这类袍服较短，便于劳作，所以广受平民百姓的欢迎，穿用人群也极其广泛。敦煌壁画中晚唐抱琴仆从所着袷褶，如图1-43所示。

披袍是披搭于肩背的袍，形制较普通袍服为长。作用与披风类似，但披风无袖，披袍有袖，两袖通常垂而不用，多用于秋冬之季，披袍源于南北朝时的武士衣着。❶《旧唐书·安禄山传》："每见林甫，虽盛冬亦汗洽。林甫接以温言，中书厅引坐，以已披袍覆之"。❷五代后蜀孟昶《临江仙》词："披袍窄地红宫锦，莺语时啭轻音。"

隋唐时期平时燕居的生活服装常服（又称燕服），吸收了南北朝以来在华夏地区已经流行的胡服、特别是西北鲜卑民族服装以及中亚地区国家服装的某些成分，使之与华夏传统服装相结合，创制了具有唐代特色的服装新形式。常服有宽袖和窄袖，且用圆领（团领），这也与北朝的服式有关。《梦溪笔谈》中所说的全用胡服窄袖，即指此常服。朱熹所说的上领，即团领的式样，用团领为命服亦始于隋、唐。

隋唐时期的袍服在中国服装史上具有十分重要的地位，它奠定了随后一千多年袍服的基本款式。从形制上说，隋唐时期袍服最为突出的特征是连体通裁、上下彻底成为一体的圆领窄袖袍（图1-44、图1-45）。

图1-43　裲裆　　　图1-44　永泰公主墓出土的三彩舞人骑马像　　　图1-45　永泰公主墓出土的壁画像

❶ 赵超，熊存瑞. 中国古代服饰巡礼[M]. 成都：四川教育出版社，1996：88-89.
❷ 刘昫. 旧唐书·安禄山传[M]. 北京：中华书局，1975：53-68.

二、隋唐时期袍服的色彩及材质

隋唐时期袍服按装饰可以分为明珠袍、铭袍、绣袍、金字袍、银字袍、麒麟袍、龙袍七种。

隋唐时期袍服按色彩可以分为青袍、绿袍、赭袍、绯袍、赤霜袍、黄袍、赭黄袍、皂袍、茜袍、紫袍、白袍、五色袍十二种。

青袍，一说为青色布袍，二说是一种官袍。唐代规定官吏公服皆用袍制，以袍色昭明身份等级，八九品服青。因小吏所用，故引申为卑官服饰的代名。唐杜甫《徒步归行》："青袍朝士最困者，白头拾遗徒步归。"

绿袍是绿色的袍服，隋代定为六品以下官服，唐宋时用于六七品官服。《隋书·礼仪志七》："五品以上，通著紫袍，六品以下，兼用绯绿"。❶

赭袍是红色袍服，有三种解释。一为红袍，帝王之服。唐陆龟蒙《杂伎》诗："六宫争近乘舆望，珠翠三千拥赭袍。"二为军将之服。《旧五代史·延寿传》："戎王命延寿就寨安抚诸军，乃赐龙凤赭袍，使衣之而往"。❷三为传说中仙人之袍。《古今图书集成·礼仪典·卷三四零辑·闻见后录》："唐吕仙人故家岳阳，今其地名仙人村，吕姓尚多，艺祖初受禅，仙人自后苑中出，留语良久，解赭袍衣之，忽不见。今岳阳仙人像羽服下著赭袍云"。

绯袍，是红色袍服，省称绯。南北朝时贵贱通用。入唐以后专用于官吏，为四五品官员的常服。《通典·卷六十一》："贞观四年制：三品以上服紫，四品五品以上服绯"。❸

赤霜袍，又称青霜袍，是粉红色袍服，为神话传说中妇女服用。唐《朝下寄韩舍人》诗："瑞气迥浮青玉案，日华遥上赤霜袍。"

黄袍，是黄色袍服，原无等秩，百官均服，士庶也可，自隋代正式用于朝服，《隋书·礼仪志七》："百官常服，同于匹庶，皆著黄袍，出入殿省"。又唐刘肃《大唐新语·厘革》："隋代帝王贵臣，多服黄纹绫袍……皆著黄袍及衫，出入殿省"。❹唐代高宗总章元年（公元668年）明确规定除天子外一律不准穿黄袍，从此黄袍成为皇帝的专用服饰。《旧唐书·舆服志》："禁士庶不

❶ 魏征. 隋书·礼仪志七[M]. 北京：中华书局，2008：279.
❷ 薛居正. 旧五代史·延寿传[M]. 北京：中华书局，1974：1311.
❸ 杜佑. 通典[M]. 北京：中华书局，2013：540.
❹ 刘肃. 大唐新语·厘革[M]. 北京：中华书局，1984：148.

得以赤黄为衣服杂饰"。

赭黄袍，又称柘黄袍、郁金袍，是赤黄色袍服。《新唐书·车服志》："至唐高祖，以赭黄袍、巾带为常服"。

皂袍是官吏穿的黑色袍服，宋王栐《燕翼诒谋录》卷一："国初仍唐旧制，有官者服皂袍，无官者白袍"。❶

茜袍是大红色袍服，唐宋时学子考中状元，即可穿着茜袍。

紫袍是紫色袍服，北朝皇帝朝服，隋代为达官之服。隋代规定官吏公服用袍，五品以上服紫。唐代则改为三品以上。

白袍是白色袍服。解释有三，一是军士之袍。二是庶民之袍，以白绢为之，《新唐书·车服志》："太尉长孙无忌又议：'袍服者下加襕，绯、紫、绿皆视其品，庶人以白。'"。三是孝服。

在士子还没有进入仕途时，则都着白袍。《唐音癸签》载："举子麻衣通刺称乡贡。"麻衣即白衣，按唐制新进士皆白袍，因而有"袍如烂银文如锦"之说。庶人的服色也用白。《隋书·礼仪志》载："大业六年诏，胥吏以青，庶人以白，屠商以皂。唐规定流外官庶人、部曲、奴婢服䌷、绝、布，色用黄、白，庶人服白，但不禁服黄，后以洛阳尉柳延服黄衣夜行，为部人所殴，故一律不得服黄。"

五色袍是侍卫之服，以青、赤、黄、白、黑五种色彩为方位标识。《文献通考·职官志十二》："贞观十二年，左右屯卫始置，飞骑出游幸，即衣五色袍，乘六闲马，赐猛兽衣鞬而从焉"。❷

隋唐时期袍服按材料可以分为绛纱袍、柘袍、锦袍、宫锦袍、布袍、绫袍、䌷袍、罽袍八种。

绛纱袍又称朱纱袍，帝王朝会的袍服。《新唐书·车服志》："凡天子之服十四：……绛纱袍，朱里红罗裳，白纱中单，朱领、褾、裾、白裙、襦、绛纱蔽膝，白罗方心曲领，白袜，黑舄"。

柘袍因用柘木汁染成，故名。其又称柘黄袍、赭黄袍、郁金袍，是赤黄色袍服，隋文帝始服。唐贞观年间规定，皇帝常服，因隋旧制，用折上巾，赤黄袍，六合靴。《旧唐书·舆服志》："（天子）常服，赤黄袍衫，折上头巾，

❶ 王栐. 燕翼诒谋录[M]. 北京：中华书局，2013：3.
❷ 马端临. 文献通考·职官志十二[M]. 北京：中华书局，2013：564.

九环带，六合靴……自贞观以后，非元日冬至受朝及大祭祀，皆常服而已"。后引申为帝王的代称。

锦袍解释有二，一是以彩锦制成的袍。色彩斑斓华美，历代视为珍品，常作为朝廷向近臣、外邦的赏赐之物。《新唐书·天竺传》："玄宗诏赐怀德军，使者曰：'蕃夷惟以袍带为宠。'帝以锦袍、金革带、鱼袋并七事赐之"。《新五代史·段凝传》："已而梁亡，凝率精兵五万降唐，庄宗赐以锦袍、御马"。❶二是又称衲袍，僧侣所着之袍，因鲜艳如锦故名。唐杜甫《秋日夔府咏怀奉寄郑监李宾客一百韵》："管宁纱帽净，江令锦袍鲜。"

宫锦袍是宫锦制成的袍子，多用于达官贵者。《新唐书·李白传》："白浮游四方，尝乘月与崔宗之自采石至金陵，著宫锦袍坐舟中，旁若无人"。

布袍解释有三，一是布做的袍服，贫者服之。唐彦谦《早行遇雪》诗："荒村绝烟火，鬓冻布袍湿。"二是平民或隐士之服。三是居丧之服。

绫袍是以单色纹绫制成的长衣。魏晋南北朝时不分贵贱皆可穿着。至唐代，规定为官吏公服，以袍色和花纹辨别等级，因成官服为绫袍。《新唐书·董晋传》："在式，朝臣皆绫袍，五品而上金玉带"。《唐会要·卷三十二》："其年十一月九日，令常参官服衣绫袍，金玉带。至八年十一月三日，赐文武常参官大绫袍"。

绨袍是以粗帛制成的袍服。贫者用于御寒。唐高适《咏史》诗："尚有绨袍赠，应怜范叔寒。不知天下士，犹作布衣看。"又《别王八》诗："征马嘶长路，离人挹佩刀。客来东道远，归去北风高。时候何萧索，乡心正郁陶。传君遇知己，行日有绨袍。"

罽袍是以罽制成的袍，质地紧密而厚实，多用于初春、深秋之季。唐杜牧《少年行》："春风细雨走马去，珠落璀璀白罽袍。"五代韦庄《立春》诗："罽袍公子樽前觉，锦帐佳人梦里知。"

唐代政府下属官办纺织手工业规模越来越大，分工越来越细，长安设有织染署、内八作和掖庭局，在许多州还设有官锦坊，缎就是起源于唐代的，缎与锦结合就织造出丝织品中最华丽的锦缎。唐朝袍服主要衣料有绢、绫、罗、锦、纱、绮等，其中以益州和扬州的锦最负盛名，罗则多为精美的花罗。但是由于没有出土袍服或文献直接记载，所以缎在唐代作为袍服的衣料，只

---

❶ 欧阳修. 新五代史·段凝传[M]. 北京：中华书局，1974：498.

是一个推断。唐代用缂丝装裱过王羲之上等的书法，说明缂丝技术在唐时已经成熟，不过也没有直接证据可以证明缂丝在唐朝用来制作过袍服。隋朝及唐朝前期的经济发展主要体现在农业的发展，唐朝农业采用了均田法和租庸调法，大大促进了农业的发展，唐朝中后期工商业发展繁荣。黄河流域、长江流域、闽江流域、珠江流域一片繁荣景象。《唐国史补》卷下："初越人不工机杼，薛兼训为江东节制，乃募军中未有室者，厚给货币，密令北地娶织妇以归，岁得数百人，由是越俗大化，竞添花样，绫纱妙称江左矣。"❶这从侧面说明，在唐初的时候丝织业的中心还在北方，黄河流域的桑蚕生产技术处于全国领先地位，江浙一带相对落后。

三、隋唐时期民族融合对袍服的影响研究

隋唐时期文化发展的多元化是民族融合主要的表现之一，陈寅恪在《李唐氏族之推测后记》中说，"则李唐氏族之所以崛起，盖取塞外野蛮精悍之血，注入中原文化颓废之躯，旧染既除，新机重启，扩大恢张，遂能别创空前之世局"。❷这是说唐代文化最富有生气的一面就在于民族融合，多元并蓄。圆领袍就是在这种多元文化的背景下产生的。圆领袍是领子为圆领的袍服，窄袖，长及膝下。此种袍服源于汉末西北胡人的袍服，至隋代为中原人接受，唐朝五代流行开来，并成为社会服饰的主流。北周和唐代都有襕袍的记载，隋代汉人所穿胡袍已经按照汉人的习惯与嗜好加以改良，例如，袍的下端膝盖处上下加有一道拼缝，这就是《旧唐书》中所称"袍下加襕"。少数民族融合了汉族的上衣下裳传统文化。这种吸收少数民族窄袖合身的特点又结合中原民族上衣下裳的袍下加襕的传统，很好地体现了民族融合的服饰形式。

男女有别为中原民族传统的礼制，这一时期出现的女穿男袍也是民族融合的主要表现之一。《旧唐书·舆服志》记载："或有著丈夫衣服靴衫，而尊卑内外，斯一贯矣"。《新唐书·车服志》载："开元中，奴婢服襕衫，而仕女衣胡服"。这证明盛唐时期，穿着胡服男装也是当时妇女的时尚。妇女所穿胡服男装，其形式有两种：一种是男式袍衫，其特点是宽大而且长，袍长及踝，盖于脚面，袍摆两侧有开衩，领子有圆领和交领，右衽，无衣缘，袖子有窄

❶ 李肇.唐国史补·卷下[M].上海：上海古籍出版社，1957：67.
❷ 陈寅恪.陈寅恪先生全集·李唐氏族之推测后记[M].台北：里仁书局，1979：357.

袖或中袖；另一种为胡服制式，与袍衫相比较为合体，衣长也比袍服略短些，衣领多为圆领或大翻领，窄袖，衣缘有些要镶彩绣宽边，衣摆为左右开衩。隋唐承袭北朝习俗流行圆领袍，起于北方，而统驾全局，圆领款式遂通行于四方，主要款式为第一纽在右肩近颈处右耳下，第二纽在右腋前侧。由此可见，袍服之领型发展至隋唐时期，受北方少数民族影响颇深，逐渐将圆领在全国传播开来，并成为千余年来袍服的主要领型。由此可见即便是平面裁剪的中国传统服饰，在有些特殊部位也是经过从人适应衣到衣适应人的过程的，扣带等功能及装饰与衣身的部件也随着领型的改变而改变着。

隋唐时期，文化经济繁荣，民族融合，袍服种类多样，出现了有着典型民族融合特征的袍服的流行现象。无论圆领襴袍还是女穿男袍都是受到非常特殊的民族融合现象而产生的。隋朝袍服承袭北朝，唐朝服饰制度承袭隋朝，虽然一脉相承，但又有所发展演变。唐初因袭隋制，天子用黄袍及衫。《文献通考》马端临曰："用紫、青、昺为命服，昉于隋炀帝，而其制随定于唐"。《唐音癸签》载："唐百官服色，视阶官之品"。这里共同说明，唐代的袍服制度是继承隋制，一般是圆领窄袖，文官也有穿宽袖圆领袍者。这说明中原民族袍服既吸收了游牧民族服装特征又保留传承了中原民族服装特征。袍衫在当时是男女通用的，不同之处在于细微的变化，如男子所着之袍衫必于膝部作一拼接，而女子所着袍衫则多不添加这道拼缝。总之，政治经济、文化的繁荣，民族的包容融合多元化发展才是唐朝袍服高度繁荣、种类丰富的关键因素。

第五节　宋元袍服

宋元时期是五代十国后从局部统一到大一统的两个特色鲜明的朝代，服饰制度完善，等级森严。这一时期也是袍服的成熟期，对后世袍服的发展产生了深远的影响。在服装上的差异也突显了中原农耕文明和北方游牧文明的差异。本节首先依据形制、材料、色彩、装饰对宋元时期袍服进行分类研究，其次对宋元时期袍服的演变进行分析，以客观地表征这一时期服饰的变迁。

一、宋元时期袍服的分类

宋朝提倡儒学，重文轻武，尊孔复古，由朱熹集大成的宋代理学就在这样的条件下应运而生，宋代的衣冠式样也因此发生了变化。宋代服装主张"务从简朴""不得僭越"，宋代的服装显得朴素简单，日益世俗化。

北宋名画《清明上河图》，就是一幅极其生动的北宋民俗图写照，从画面上可以看到北宋春季都城汴梁中各色人物服饰，官吏、商贾、文人和富庶的市民都穿交领长袍或圆领襕衫，衣袖宽窄适中，式样上变化不大。据宋人《东京梦华录》记载：当铺中的管事穿长衫，束牛角皮带，不戴帽。秀才、儒生穿黑色褙子，外罩紫道袍，头带乌纱巾，足蹬黑皮鞋。

宋朝士大夫阶层爱穿一种称为道袍的宽大长袍，也称为直裰、直缝，款式特征是背面分成左右两个衣片，中间一道直线缝合。直裰多用素纱、素绢、麻布及棉布等衣料制作，色彩以黑、白为主，这是宋代官方规定平民百姓可以使用的服色。《水浒传》中也有提到，花和尚鲁智深"身穿皂布直裰，系鸦青绦"。在近代考古发掘的宋代衣裳品类中，也有各式袍服，江苏金坛宋代周瑀墓中出土了30多件当时的衣物，其中就有对襟单衫和圆领袍，周瑀终年20多岁，是太学生，他的衣物正符合文献中记载的宋代文人市民服装情况（图1-46、图1-47）❶。

图1-46 对襟合领单衫

---

❶ 图片引自《江苏金坛南宋周瑀墓发掘简报》。

图1-47　圆领袍

　　黄岩出土的南宋交领莲花纹亮地纱袍[1]衣长135厘米，通袖长271厘米，袖宽47厘米，这件纱袍呈深褐色，领口、袖口衬以宽边的淡黄色素绫。右衽的斜襟处有一对纽子、纽襻，以作衣襟固定之用。"方孔曰纱"。纱是绞经素织透出方孔的丝织物，组织稀疏，质地轻柔透亮，古诗形容"轻纱薄如空"。虽经800年的时光，但它的色彩依然鲜亮如新，面料还具有良好的弹性。

　　衣服纹饰为莲花纹，造型相对写实。其花纹图案具有鲜明的轮廓，花瓣和莲的叶径以均匀线条作亮地留空勾画。莲花和莲叶呈"品"字形组合连续排列，田田莲花饱和密布。莲的花叶间隙还饰有四片心形之叶环供八瓣小花组成的图案。这些造型赋予纱袍图案性的韵味和美感，增加了装饰性的效果。这种端庄典雅、结构严谨、花叶饱满的理性风格和装饰手法常见于南宋时期的纹样（图1-48～图1-50）。

　　元代时，广大汉族平民仍然保留了宋代的衣冠服饰，如山西右玉宝宁寺的元代水陆道场画中市井生活人物身上的服饰（图1-51）。

---

❶ 南宋交领莲花纹亮地纱袍图片来源于http://hynews.zjol.com.cn/hynews/system/2016/09/07/020719619.shtml.

图1-48　南宋交领莲花纹亮地纱袍

图1-49　南宋交领莲花纹亮地纱袍面料组织

图1-50　南宋交领莲花纹亮地纱袍局部结构

图1-51　元人水陆道场画市井生活人物

（一）基于形制视角的宋元时期袍服分类

1.宋代袍服按形制分

宋代袍服按形制可以分为大袍、窄袍、衫袍、靴袍、履袍、单袍、直身袍七种。

大袍是宽敞的袍服。《宋史·仪卫志六》："驾士，服锦帽，绣戎衣大袍，银带"。❶

窄袍，解释有三：一是宋代皇帝礼服之一，袍身狭小，两袖紧窄，故以为名。《宋史·舆服志三》："（天子之服）六曰窄袍，天子朝会、亲耕及视事、燕居之服也"。《续通志·卷一二三》："宋制，天子之服……有窄袍，便坐视事则服之"。二是宋辽时诸国使人入殿参加朝会之服，有紫、绯等色。宋代孟元老《东京梦华录·元旦朝会》："诸国使人，大辽大使顶金冠，后檐尖长如大莲叶，服紫窄袍……夏国使副皆金冠短小样制，服绯窄袍"。❷《辽史·仪卫志二》："（高丽使入见仪），臣僚便服，谓之'盘裹'。绿花窄袍，中单多红绿色"。❸三是宋代宫廷内职出入内廷所着之服。《宋史·舆服志五》："景德三年，诏内诸司使以下出入内庭，不得服皂衣，违者论其罪，内职亦许服窄袍。"

衫袍是唐宋时皇帝常服之一。《宋史·舆服志三》："天子之服……五曰衫袍……天子朝会、亲耕及视事、燕居之服也"。

靴袍是宋代皇帝礼服之一，专用于郊祀明堂、诣宫、宿庙等场合，始于南宋乾道九年（1173年）。宋叶梦得《石林燕语·卷七》："故事：南郊，车驾服通天冠、绛纱袍；赴青城祀日，服靴袍。"❹又《宋史·舆服志三》："（天子）服靴，则曰靴袍。"

履袍是宋代皇帝礼服之一。《宋史·舆服志三》："天子之服，一曰裘冕，二曰衮冕，三曰通天冠，四曰履袍……袍以绛罗为之。"

单袍是没有衬里的单衣。宋《岁时广记·卷三十七》："升朝官每岁初冬赐时服，止于单袍。太祖讶方冬犹赐单衣，命赐以袷服，自是士大夫公服冬则用袷。"

直身袍是斜领大袖，宽而长的袍，形制与道袍近似，衣背由两片缝制而

---

❶ 脱脱. 宋史·仪卫志六[M]. 北京：中华书局，1985：3474.
❷ 孟元老. 东京梦华录·元旦朝会[M]. 北京：商务印书馆，1936：21.
❸ 脱脱. 辽史·仪卫志二[M]. 北京：中华书局，1983：1518.
❹ 叶梦得. 石林燕语·卷七[M]. 北京：中华书局，1984：98.

成，直通下缘，故名。直身袍始见于宋代，元代禅僧及士人均服此服。明初，太祖制庶民服，青布直身即此衣式。

2.元代袍服按形制分

元代袍服按形制可以分为宝里、大衣、衬袍、士卒袍和窄袖袍五种。

宝里是元代的加襕之袍，蒙语称襕袍为宝里。《元史·舆服志一》："（百官）夏之服凡十有四等，素纳石失聚线宝里纳石失一，枣褐浑金间丝蛤珠，大红宫素带宝里一"。又："（天子）服大红、桃红、紫蓝、绿宝里"。❶

大衣是蒙古妇人的袍，可作礼服用。当时的汉人称此种袍为团衫，南方汉人（南宋时的汉人）称其为大衣。因其形制与用途类乎宋时的团衫和大衣，言其宽大的样式。陶宗仪《南村辍耕录·卷十一》："国朝妇人礼服，鞑靼曰袍，汉人曰团衫，南人曰大衣，无贵贱皆如之。服章但有金素之别耳。惟处子则不得衣焉。今万户有姓者而亦约袍，其母岂鞑靼与？然俗谓男子布衫曰布袍，则凡上盖之服或可概曰袍"。❷

衬袍是元代仪卫服饰名，是衬在裲裆甲里面的长衣。《元史·舆服志一》："衬袍，制用绯锦，武士所以裼裲裆"。

士卒袍是士卒所穿之袍。

窄袖袍是窄袖子的袍。《中国古代服饰史》元代服饰中记载："袍有衬袍、士卒袍、窄袖袍"。❸

（二）基于材料的宋元时期袍服分类

1.宋代袍服按材料分

宋代袍服按材料可以分为布襕、锦袍、宫锦袍、布袍、绨袍、纱袍、罗袍、绅袍八种。

布襕是以苎麻制成的袍衫。《宋史·礼志二十五》："群臣当服布斜巾，四脚，直领布襕"。

锦袍，解释有二：一是以彩锦制成的袍。色彩斑斓华美，历代视为珍品，常用作朝廷向近臣、外邦的赏赐之物。宋周去非《岭外代答·卷二》："熙宁中王相道抚定黎峒，其酋亦有补官，今其孙尚服锦袍，束银带，盖其先世所

---

❶ 宋濂. 元史·舆服志一[M]. 北京：中华书局，1976：3732.

❷ 陶宗仪. 南村辍耕录·卷十一[M]. 北京：中华书局，2004：171.

❸ 周锡保. 中国古代服饰史[M]. 北京：中央编译出版社，2011：363.

受赐而服之云"。二是又称衲袍，僧侣所着之袍，因鲜艳如锦故名。

宫锦袍是宫锦制成的袍子。多用于达官贵者。宋苏轼《中山松醪赋》："颠倒白纶巾，淋漓宫锦袍"。

布袍，解释有三：一是布做的袍服，贫者服之。二是平民或隐士之服。宋刘过《寿健康太尉》诗："万里寒风一布袍，持将诗句谒英豪"。三是居丧之服。宋朱熹《朱子语类·卷一二七》："孝宗居高宗丧，常朝时裹白幞头，著布袍"。

绔袍，是以粗帛制成的袍服。贫者用于御寒。宋陆游《蔬食》诗："犹胜烦秦相，绔袍闵一寒"。

纱袍，解释有二：一是又称纱公服，以纱罗制成的公服，有圆领大襟及斜领大襟数种。一般用于夏季，常朝礼见皆可穿着，着之以图凉爽。宋时已有，因其质地轻薄，有伤观瞻，曾一度禁止，后上下通行。宋陈元靓《事林广记·卷二十二》："一朝士平日起居，衣纱公服"。清代规定为正式礼服。二是士庶常服。

罗袍，是以罗制成的袍子。宋徐兢《宣和奉使高丽图经·卷十一》："控鹤军，服紫文罗袍，五采间绣大团花为饰"。❶《宋史·礼志二十八》："素纱软脚幞头，浅色黄罗袍，黑银带"。

绌袍是粗绸制成的袍。借指庶民之服。宋陆游《村居》诗："纱帽新裁稳，绌袍旧制宽。"

2.元代袍服按材料分

元代袍服按材料可以分为绛纱袍、锦袍、缯袍、布袍、麻袍、青丝缕金袍六种。

绛纱袍是深红色纱袍，一般作朝服用。周锡保《中国古代服饰史》记载："朝服，皇帝戴通天冠，着绛纱袍"。

锦袍是以彩锦制成的袍服。

缯袍是丝帛制成的袍。元陶宗仪《元氏掖庭记》记载："后妃侍从各有定制。后二百八十人，冠步光泥金帽，衣翻鸿兽锦袍。妃二百人，冠悬梁七曜巾，衣云肩绛缯袍"。

布袍是布做的袍，指平民或隐士之服。元张养浩《普天乐·失题》词："布

---

❶ 徐兢. 宣和奉使高丽图经·卷十一[M]. 北京：商务印书馆，1937：23.

袍穿，纶巾戴，傍人休做，隐士疑猜"。元贯云石《水仙子·田家》四首，一首写道："布袍草履耐风寒，茅舍疏篱三两间"。

麻袍是以麻制成的袍，贫者之服。元无名氏《十棒鼓》词："不贪名利，休争闲气……麻袍宽超，拖一条藜杖，自带椰飘。沿门儿花得，花得皮袋饱"。

青丝缕金袍是以黑色丝线与金丝交织制成的袍，多为贵族女性所着。

（三）基于色彩的宋元时期袍服分类

1.宋代袍服按色彩分

宋代袍服按色彩可以分为绿袍、赭袍、绯袍、赤霜袍、柘袍、皂袍、茜袍、紫袍、白袍、鹄袍十种。

绿袍是绿色的袍服。《辽史·仪卫志二》："八品、九品、幞头、绿袍"。

赭袍是红色袍服，有三种解释。一为红袍，帝王之服。宋邵伯温《邵氏闻见录·卷七》："御衣止赭袍，以绫罗为之"。❶二为军将之服。三为传说中仙人之袍。

绯袍是红色袍服，简称绯。南北朝时贵贱通用，入唐以后专用于官吏，为四五品官员的常服，宋代因之。《宋史·舆服志五》："阶官至四品服紫，至六品服绯，皆象笏，佩鱼"。

赤霜袍又称青霜袍，是粉红色袍服，为神话传说中的妇女服用。宋柳永《御街行》词："赤霜袍烂飘香雾。喜色成春煦"。

柘袍又称柘黄袍、赭黄袍、郁金袍，是赤黄色袍服，帝王之服。宋苏轼《书韩干牧马图》诗："柘袍临池侍三千，红妆照日光流渊。"《辽史·仪卫志二》："皇帝……柘黄袍，九环带，白练裙襦，六合靴"。《大金国志·卷三十四》："国主视朝服，纯纱幞头，窄袖柘袍"。❷

皂袍是官吏穿的黑色袍服，宋王栐《燕翼诒谋录·卷一》："国初仍唐旧制，有官者服皂袍，无官者白袍"。❸

茜袍是大红色袍服，唐宋时学子考中状元，即可穿着红袍。宋陆游《天彭牡丹谱·花释名第二》："状元红者，重叶深红花，其色舆鞓红、潜绯相类，

---

❶ 邵伯温.邵氏闻见录·卷七[M].北京：中华书局，1983：66.

❷ 宇文懋昭.大金国志·卷三十四[M].北京：中华书局，1957：255.

❸ 王栐.燕翼诒谋录·卷一[M].北京：中华书局，1981：10.

而天姿富贵。彭人以冠花品，多叶者谓之第一架，叶少而色稍浅者谓之第一架，以其高出众花之上，故名状元红。或曰旧制进士第一人即赐茜袍，此花如其色，故以名之。"

紫袍是紫色袍服，北朝皇帝朝服，至隋代成为达官之服，至宋则贬至各种命服，包括官服及命妇之服。宋周去非《岭外代答·卷二》："紫袍象笏，趋拜雍容。使者之来，文武官皆紫袍。"宋王栐《燕翼诒谋录·卷一》："庶人布袍，而紫不得禁止"。

白袍是白色袍服。解释有三：一是军士之袍。宋陆游《猎罢夜饮》诗："白袍如雪宝刀横，醉上银鞍身更轻。"二是庶民之袍，以白绢为之。宋王栐《燕翼诒谋录·卷一》："国初仍唐旧制，有官者服皂袍，无官者白袍"。三是孝服。

鹄袍是白色襕袍。因其色洁白如鹄，故名。宋代规定应试士子皆着白襕。宋岳珂《桯史·卷十》："命供帐考校者，悉倍前规，鹄袍入试"。❶

2.元代袍服按色彩分

元代袍服按色彩可以分为紫罗袍、绯袍、绿袍、赭黄袍、白袍五种。

紫罗袍是紫色罗制成的袍。绯袍是红色的袍。绿袍是绿色的袍。叶子奇在《草木子》中对官服也有相关记载："一品、二品用犀玉带大团花紫罗袍，三品至五品用金带紫罗袍，六品、七品用绯袍，八品、九品用绿袍，皆以罗流。外受省札，则用檀褐，其幞头皂靴，自上至下皆同也"。❷

赭黄袍，又称柘袍、柘黄袍、郁金袍，赤黄色袍服。唐贞观年间规定为皇帝常服，后历代沿用。张昱《辇下曲》之二三："望拜纡楼呼万岁，柘黄袍在半天中"。元张翥《翰林三朝御客戊戌仲冬朔把香前宫》诗："嘉禧殿前初日高，瑞光先映赭黄袍。"

白袍，即白色袍服。解释有三：一是军士之服。元张国宾《薛仁贵》第一折："有一个白袍卒，奋勇前驱，直杀的他无奔处"。二是庶民之服。三是孝服。

（四）基于装饰的宋元时期袍服分类

1.宋代袍服按装饰分

宋代袍服按装饰可以分为凤尾袍、苣文袍、瑞鹰袍、白泽袍、瑞马袍五种。

---

❶ 岳珂. 桯史·卷十[M]. 北京：中华书局，1981：137.
❷ 叶子奇. 草木子·卷三下[M]. 北京：中华书局，1959：85.

凤尾袍，即破旧棉袍。宋陶穀、吴淑《清异录江淮异人录·卷下》："凤尾袍者，相国桑维翰时未仕缊衣也。谓其褴褛穿结，类乎凤尾"。❶

苴文袍，又称苴纹袍，仪卫之服，以绯色布帛为之，衣上绣有苴荬菜纹。《宋史·仪卫志六》："太常铙、大横吹，服绯苴文袍、袴、抹额、抹带。太常羽葆鼓、小横吹，服苴文袍、袴、抹额、抹带"。《金史·仪卫志上》："大横吹，苴纹袍、袴、抹额、抹带"。

瑞鹰袍是金代仪卫之服，因织绣有瑞鹰，故名。❷《金史·仪卫志上》："第三部二百七十二人：殿中侍御史二人，左右屯卫大将军二人，折冲都尉二人，紫瑞鹰袍"。

白泽袍是金代仪卫之服，因织绣有白泽之纹，故名。《金史·仪卫志上》："步甲队，第一第二两队百一十人：领军卫将军二人、平巾帻、紫白泽袍、袴、带……"

瑞马袍是金代仪卫之服，因织绣有瑞马之纹，故名。《金史·仪卫志上》："第十队七十人，折冲都尉二人，瑞马袍"。

2.元代袍服按装饰分

元代袍服按装饰分有织文袍、虬龙袍、大团花紫罗袍、蟒袍四种。

织文袍是织有文字的袍服，所织文字多为吉祥之语，如富贵、长寿等。《元史·张升传》："帝赐金织文袍，以宠其归"。

虬龙袍是有虬龙纹样的袍。

大团花紫罗袍是有大团花纹样的紫色罗制成的袍。元代官袍多以罗为面料，并以花纹大小表示级别。元主有虬龙袍、天鹅织锦袍。一般也着布袍，其领、袖间镶以皮。蒙古族贵妇衣有袍，袍式宽大而长，大袖，而在袖口处较窄。其长曳地，行时须两女奴托之，可作礼服用。自大德以后，蒙、汉间的士人之服就各从其变。

蟒袍是绣有蟒纹的袍服。《元典章·卷五十八大德元年》："帖木耳不花奏：街上卖的缎子似皇上御穿的一般，用大龙，至少一爪子。四个爪子的卖着有奏呵"，这说明四爪大龙缎袍（即蟒袍）在元初就已经在街市出卖，但当时蟒袍的名称还没有出现或流行开来。

---

❶ 陶穀，吴淑. 清异录江淮异人录·卷下[M]. 上海：上海古籍出版社，2012：131.
❷ 脱脱. 金史·仪卫志上[M]. 北京：中华书局，1975：1665.

二、宋元时期袍服的演变及原因分析

（一）宋元时期袍服的演变

1.宋元时期袍服穿着人群的演变

到宋代，袍服的演变已经开始呈现多元化的趋势，不同人群穿着不同的袍服，而且不同场合所穿袍服也有了更细致明确的划分。宋元时期出现从单一形制到多种形制并存的状态。官服、常服、男服、女服都出现了大量的袍服，可从《清明上河图》中的人物形象上窥见一斑（图1-52）。

图1-52 宋绘《清明上河图》

宋代袍衫形制为圆领大袖，有时袍下加襕、腰束带，有宽袖广身和窄袖紧身两种基本形式。一般通过质料、色彩、饰物来辨别官职，图1-53左边队伍前面的高官圆领大袖袍，后面的小官圆领窄袖袍。此外，同为高官职的武将也穿窄袖袍，图右边的平民男子一般只服黑、白两种颜色。公服又称省服、常服，特征是圆领或盘领，大袖或小袖，颈两侧并有护领，腰束带，有时袍下加襕，头戴方顶展角幞头。宋代依照前代的制度，按季节颁赐各官服饰，所赐的锦袍有宽身大袖和紧身窄袖两种。袍长至足上，有表有里。有官职者服锦袍，尚未有官职者服白袍，庶人服布袍。《夷坚志》中载一侠妇曰："吾手制衲袍以赠君"。衲袍是粗布短身袍，所以证明了袍在宋代是各个阶层都可穿着的，但面料是有区别的。庄绰的《鸡肋编》云："女童乐四百，

图1-53 宋迎銮图（图片来源于网络）

靴袍玉带"。❶宋时妇女不常穿袍，一般礼仪场合宫嫔及宴乐时歌者会穿。

宋朝时男子的袍服一般有四种形式：第一种，袍长及脚踝或略偏上，广袖，交领，领缘、袖口镶边，衣缘"缝掖"或"直缀"；第二种，袍长及膝，广袖，交领，领缘，袖口镶边；第三种，袍长及脚踝，窄袖，交领或圆领，领缘有镶边，但袖口一般不镶边；第四种，袍长及踝或至膝处，常在腰间束带，圆领，领内加立领。这四种袍服中，前两种为文人雅士及退隐闲居官僚所服，也是帝王常服。第三种则为略有身份的平民所服。第四种为官服，一般官员、男女侍从、公差吏卒均服此类服装，宋时穿袍服的女性多为侍女（图1-54～图1-58）。

不仅宋代袍服开始出现明显的更为细致的分类，元代对于不同阶级所穿袍服更是有着明确的规定。正因元贞元年（1295年）发布禁令：平民百姓不能用柳芳绿、红白闪色、迎霜合、鸡冠紫、栀子红、胭脂红六种颜色，只能穿本色或暗色麻、棉、葛布或粗绢绵绸。因为元代朝廷对服饰有着明文规定，因此同样是作为元代常见服装的袍，普通人穿的是粗布袍，腰系杂彩绦，且大多着暗色，尤其在元代的北方，男女穿的衣服款式近似，都是以袍为主，图1-59为元代穿袍服之人。

图1-54　宋中兴四将图

图1-55　宋文会图

❶ 萧国亮. 中国的社会经济史研究独特的食货之路[M]. 北京：北京大学出版社，2005：221.

图1-56　宋五百罗汉应声观音

图1-57　宋女孝经图

图1-58　宋歌乐图卷

图1-59　元人马图

2.宋元时期袍服形制的演变

宋元时期袍服的形制也发生着改变，主要是在领、襟、袖等部位。合领是宋朝主要流行的款式，左右领居中而合，故谓之合领。盘领是在圆领的基础上加以硬衬，其制较普通圆领略高，领口有纽襻，多为男子服用，流行于金、元、明三代。宋元流行对襟的褙子，对襟为两襟合于身体前方正中，两襟对开，直通上下，故而得名。

3.宋元时期袍服装饰纹样和色彩的演变

宋元时期袍服的装饰纹样较前代也有着明显的不同之处。自从袍服从内衣转变为外衣开始，袍服就开始有了装饰。宋代袍服的装饰手法有彩绘、彩绣、贴金、印金等。虽然宋元时期袍服的装饰开始大量出现多种装饰手法综合使用的现象，但是总体装饰风格还是一改前代的富丽堂皇，逐渐趋于素雅，在宋代也由于合领的大量流行，在领、襟处镶精致的花边，下摆、袖口处只镶简单的花边或不镶花边，以突出领、襟处的装饰。而元代袍服的装饰主要特征则表现在袍服的胸背处，为植物装饰，设计成规矩的团纹，或彩绣或彩绘、贴金等，以彰显身份的高低、地位的尊卑，从唐朝开始，一直到清朝，袍上的装饰纹样渐渐成为辨别等级的主要方式。胸背部主要纹样自唐出现明显的文字装饰，到元时期的植物装饰，再到明清时期的动物装饰，甚至分文官补饰为飞禽，以示文明，武官补饰为走兽，以示威武。这是一个逐渐演变的过程，宋元时期的袍服装饰就起到一个承前启后的作用。

由于印染技术的限制及政治、经济等因素，宋元时期袍服的色彩也一直发生着变化。比如，绯袍是南北朝时皇帝服用，到唐三品以上官员服用，之后到宋降低为官员、命妇服用，几经变化。其中黄袍和白袍比较稳定。黄袍自隋朝开始一直到清朝灭亡的一千三百多年中，一直是最尊贵的象征。白袍正相反，除少数士子等有身份的人穿过，大多数时期都是普通百姓的象征。

4.宋元时期袍服材料的演变

宋元时期袍服在用料上也更为的精细。中国对桑蚕的养殖和麻的应用非常早，所以先秦时期有着明显的分类，宋代袍用衣料在唐代基础上有了新的发展，纺织技术中的缂丝技术得到很大的发展，在宋代盛极一时，甚至连宋徽宗都亲自写诗赞美。此外，棉纺技术也得到进一步推广和发展，尤其元代棉纺技术的大范围传播应用，为明朝棉在全国民间的推广和流行打下基础。宋元时期以材料命名的袍服就有绵袍、缊袍、绨袍、锦袍、布袍、罗袍、布襕、绌袍、麻袍、缯袍、皮袍、棉袍、绫袍、绛纱袍、碧纱袍、纱袍等，其中纱袍更是从以前的常服在宋代正式变为公服。

（二）宋元时期袍服演变的原因分析

1.宋元时期袍服穿着人群演变的原因分析

宋元时代袍服穿着人群的演变深受当时社会背景的影响，首先是宋代统治阶级采取抑武重文的政策，宋太祖赵匡胤在开国之初就通过"杯酒释兵权"，将兵权收缴回中央，这是抑武的体现。其次是时服的赏赐，时服是皇帝每年按季节赏赐给近侍、文武官员的时令服饰，一般为公服或朝服中的几件，武官得到的也是文官样式的袍、衫、褙子等，所以造成军戎服饰的儒雅化，也提升了文人在人们心中的地位。另外，宋代兴办学校、普及教育、尊崇儒家学说，兼容佛道思想，大力推行文官体制，科举选官也得到完善和发展，这使得以士大夫为基础的文官体制取代了以往公卿贵族累世相传的统治，这对宋代社会发展、服饰变迁产生了很大的影响。由于文人的地位被推崇到一个很高的位置，所以这种推崇就延伸到服饰上，百姓多模仿文人的穿戴。

元代是中国北方的蒙古人建立的王朝，将当时中国北方的金、西夏、西域、南方的宋及西藏、大理统一起来的大一统王朝。元初立国，庶事草创，冠服车舆，并从旧俗。世祖混一天下，近取金、宋，远去汉、唐。至英宗亲祀太庙，复置卤薄。《元史·舆服志》："今考之当时，上而天子之冕服，皇太子冠服，天子之质孙，以及于士庶人之服色，粲然其有章，秩然其有序。大抵参酌古今，随时损益，兼存国制，用备仪文。于是朝廷之盛，宗庙之美，百官之服，有以成一代之制作矣"。

2.宋元时期袍服形制演变的原因分析

宋元时期袍服演变主要受当时社会背景的影响。首先宋元时期政治上重文轻武，一改历朝历代尚武之风，这在袍服形制上的直接反应就是文人袍服款式在全社会的极速推广流行。宋元时期文化上的演变深刻地影响着当时人们对袍服的审美的变化。宋代是以中原农耕文明为主体的汉人所建立的朝代，所以服装形制除了继承隋唐的圆领外，开始在各个阶层流行交领等汉族传统服饰的形制，宋代更是结合直裾袍、圆领袍等历代袍服的特征，开创了合领袍服流行的盛况。所以宋代一朝，袍服合领、交领、圆领、盘领并起，广袖、大袖、窄袖并行，使袍服的发展达到一个新的高峰。

元代袍服款式在宋代的基础上发生了很大的变化，因为元代是游牧民族统治的朝代，所以元代服饰，尤其当时的贵族阶层所穿袍服都以圆领为主，这和北朝、隋唐圆领袍的流行有着类似的原因，但是交领等传统领型的袍服依然存在。元代圆领袍的大范围流行也为圆领、盘领袍在明代的流行打下了一定的基础。

3.宋元时期袍服装饰纹样和色彩演变的原因分析

宋元时期袍服装饰纹样和色彩演变受当时文化背景的极大影响。宋代诞生了由程颢、程颐奠基，朱熹集大成的宋明理学。将伦理纲常确立得十分完备，成为宋代占统治地位的哲学思想。这种思潮直接影响到当时人民的人生观、审美观，以致形成宋代独特的艺术形态。由此当时的服饰一方面显得拘谨守旧，另一方面也体现了宋代士大夫追求的平淡简洁、朴实无华、自然闲适的服饰审美格调。在服饰色彩方面，宋代推崇恬静淡雅之色，受此审美观的影响，宋代的服饰色彩不如唐代那样艳丽。宋代以色彩命名的常见袍服有绿袍、赭袍、绯袍、赤霜袍、柘袍、皂袍、茜袍、紫袍、白袍、鹄袍十种，虽然种类依然很多，但是如果根据出土实物、传世绘画和文献记载来分析，不难看出相对物质文化发达的唐代来说，宋代在这个基础上，对精神文化的追求更加明显，主要原因有两点：一是唐代是大一统的多民族国家，对内对外都采用开明开放的政策，所以袍的色彩丰富多样；宋代领土面积的大量缩小，对外交流尤其是陆上文明的交流相对唐朝阻塞了很多，民族成分也相对单一了很多，加之理学的盛行，袍的色彩相对唐朝简单了很多。二是宋代是经五代十国的动乱后建立起的王朝，国家政策是以文官治理国家，所以文官阶层的社会地位大大提高，从而其审美情趣等都更加深刻地影响着整个国家，具体到袍服的色彩中就是用色的素净、高雅。

元代社会等级森严，占社会主体的汉族地位低下，服饰文明受到影响，这时以色彩命名的袍主要有紫罗袍、绯袍、绿袍、赭黄袍、白袍五种，受经济、政治、文化等因素的影响，袍的色彩相对前朝变得单一，没有大的发展。总之，袍服的色彩在一个特定时期的规章制度及流行都深受当时社会的政治、经济、文化影响。

4.宋元时期袍服材料演变的原因分析

宋元时期袍服在材料上的演变主要由经济上的发展而推动。宋代经济大发展，这也就使一大批对袍服有着更高精神和物质追求的阶级有了经济基础，然后通过政治，从纺织原料的征集到纺纱、织造、染色都设有专门的组织。宋代京城设有绫锦院、文思院、内染院、裁造院、文绣院等，这些官办场规模巨大，工匠繁多，其丝织手工业的织造及印染技术水平、规模、质量都突破了唐代，带动了整个纺织业技术水平的提高及产品种类的增加，不仅袍服所用的材料在种类上有所增加，更重要的是同一种材料在技艺上更加成熟，成品更加精美。宋代缂丝技术的大发展就是在这个背景上发生的。宋代蚕丝业发达的地方主要有三处，即河北和京东诸路为中心的中原地区，成都府路地区和南方诸路，尤其两浙路，由于宋时陆上丝绸之路不畅，海上丝绸之路兴盛，宋代经济较之前的五代十国发展十分迅速昌盛，瓷器和丝绸成为出口的两大最主要产品，因为有着极重要的政治、经济利益，反过来又进一步刺激丝织业的发展，所以宋代袍服的材料织造达到了一个新的高度，这也是宋代袍服材料演变的主要原因。

宋元时期是中国从局部统一到大一统的时期，宋代经济文化达到空前的发展，车服礼仪制度非常完善，海上丝绸之路大发展更是推动了丝织品技艺的快速发展，服饰元素以中原文化为主，受到外来文化影响较小，交领、盘领、合领都是代表领型，这体现了袍服的传承性和发展性。元代是大一统时代，统治阶级为游牧民族，所以受此影响，圆领袍服继北朝隋唐之后再次在全国流行开来。袍服被广泛应用在朝堂、祭祀、婚庆、丧葬、燕居等场合，穿着也不分男女老幼。宋元时期袍服虽然在形制、材料、装饰、色彩上发生着变化，但是平面裁剪、面料、染色等元素均是一脉相承，这体现了袍服的多样同一性。经过长时间的发展演变，农耕文明和游牧文明的服饰得到了进一步的融合发展，外穿盘领、圆领，内穿交领袍服就是一种服饰融合的现象。宋元时期袍服是当时文化象征的产物，其本身从形制到色彩装饰就处处体现着传统文化，这充分体现了袍服与传统文化的相容性。

第六节　明清袍服

　　明太祖朱元璋推翻蒙古族统治的元朝政权，开创以汉族为主体的大明王朝。作为一个专制主义中央集权空前强化的朝代，明太祖非常懂得利用服饰制度这种手段达到维护封建统治地位的目的，从明朝建立初期就开始了对新的官服制度的勘定，洪武元年（公元1368年），定皇帝衮冕礼服；洪武三年（公元1370年），定皇帝常服、后妃礼服、文武百官常朝服及士庶巾服；洪武二十六年（公元1393年），又将原定服制做了一次大的调整，增加了许多新的规定，为了恢复汉族文化传统，明太祖摒弃元朝制定的衣冠服饰制度。至此，明代官服制度基本完成。

　　明朝服饰制度，系统完备、内容严细，适应了明代封建专制统治的需要，所以保持了长时间的稳定性。但14～16世纪，世界正处于政治、经济、文化、习俗发展的重要转型期，处于这一时期的明朝也面临着从政治、经济到文化各方面的转型，其服饰发展也表现出了相关的特征。明朝初年，百废待兴，服饰崇尚实用、节俭，官府对平民百姓的衣服尺寸有明确的规定：庶民百姓衣长距离地面5寸（16.5厘米），袖口宽5寸（16.5厘米）；衣服颜色只可选择青、黑、褐等。平民妻女只能衣紫、绿、桃红等色，不得用大红、鸦青、黄等色。因此无论是诸生士子，还是市井小民，外出、居家都身穿布袍，十分简朴，即使一些殷实的家庭，穿着稍为华美，也不是衣冠锦绣，并且只在一些重要场合穿着。但随着政治、经济、文化的发展，到了成化、弘治年间，服饰日渐奢华，僭越之风盛行，民间各式服装色彩纹样丰富多彩。至明晚期，随着商品经济的繁荣，服饰生活逐步冲破了传统伦理等级制度，向美学化、个性化方向发展，形成了服饰发展追新求异的繁荣景象。❶

　　清代是继元代之后又一个由游牧文明统治的朝代，其服饰制度远袭元、金，近承后金，又受到了明代的影响。清代袍服是数百年来民族融合的产物，是典型的农耕文明与游牧文明融合的产物。

---

❶ 李小虎.《明史·舆服志》中的服饰制度研究[D]. 天津：天津师范大学，2009：2.

一、明清袍服的分类

明代袍服是数百年来民族融合的产物，明代袍服根据款式差异有直裰（缀）、道袍、直身等不同的称呼，款式形制上有相同的特征：交领右衽，用系带不用纽扣，大袖收祛，衣身左右开裾有摆，这是明代儒生的常用便服。吴敬梓的《儒林外史》里就有大量对儒生直裰的描写，这种直裰极宽大，当时有民谣曰，"二可怪，两只衣袖像口袋"。直裰、道袍的流行是由于当时明朝廷把它规定为庶民的礼服。在江苏扬州西郊的一座明代墓葬中就出土了这样的服饰：圆领右衽、宽袖长袍，用白色绢布制作，在袖口和衣襟等处都镶有宽黑边。

以款式为依据可以将明代的袍服归纳为大袍、短褐袍、顺褶、对襟袍、衬褶袍、贴里、道袍、直身、行衣、深衣、盘领窄袖袍、盘领右衽袍等十多种。

大袍是宽敞的袍服。叶子奇《草木子·卷三下》："蝉冠朱衣，汉制也。幞头大袍，隋制也。"❶

短褐袍为粗布制作而成的袍，多为道士算命之人所穿。《金瓶梅词话》第六十二回："那潘道士：头戴云霞五岳冠，身穿皂布短褐袍。"❷《水浒传》第六十一回："李逵戗几根蓬松黄发，绾两枚浑骨丫髻，穿一领布短褐袍，勒一条杂色短须绦，穿一只蹬山透土靴，担一条过头木拐棒，挑著个纸招儿，上写著'讲命谈天，卦金一两'。"❸

对襟袍是一种左右衣襟居中而合的长袍，是后世马褂的前身。清福格《听雨丛谈·卷一》："按明季庶人非骑马，不准穿对襟袍，以其便于乘骑云云。"❹

衬褶袍又称襕子，如女裙之制。明代刘若愚在《酌中志·卷十九》记载："顺褶，如贴里之制。而褶之上不穿细纹，俗谓'马牙褶'，如外庭之襕褶也。间有缀本等补。世人所穿襕子，如女裙之制者，神庙亦间尚之，曰衬褶袍。像即古人下裳之义也。"

❶ 叶子奇. 草木子·卷三下[M]. 上海：上海古籍出版社，2005：55.

❷ 兰陵笑笑生. 金瓶梅词话[M]. 北京：人民文学出版社，2000：587.

❸ 施耐庵. 水浒传[M]. 北京：人民文学出版社，2005：803-804.

❹ 福格. 听雨丛谈[M]. 北京：中华书局，1997：12.

贴里又称帖里、天益、天翼、裰翼和缀翼，它们都是古蒙古语（terlig）的汉语音译，意为下摆有褶的断腰袍。清康熙五十六年成书的《二十一卷本辞典》中将贴里解释为，绸缎做的带褶长袍。而在现代蒙古语中贴里只是"袍"的意思。由此可见，"贴里"是汉人用蒙古语注释"袍"的名称，有一种明初统治者为稳政权表示蒙汉亲善的意图。❶

道袍又被称为称褶子、海青等，除了可直接当作外衣穿服外，还可作为衬袍使用，是明朝中后期男子便服之中最常见的袍服。其基本形制是直领、大襟右衽，小襟处用系带一对、大襟处用系带两对以固定，袖型为大袖，袖口处回收，袍身左右开衩，前襟（大、小襟）两侧各接出一幅内摆，之后还要打褶再在后襟内侧缝制。道袍内摆的主用途是用来遮蔽开衩的位置，避免使穿在内的衣、裤在走动之时外露，而且还保证了服饰的端整、严肃。在道袍的摆上作褶还会形成特定的扩展部分，有了这道褶就避免了穿着者在行动时受影响。《酌中志》记载："道袍，如外廷道袍之制，惟加子领耳。"

直身又称直领、长衣、海青，是一种和道袍类似的袍服，是明代男装基本款式之一。其款式为直领、大襟、右衽，袍身的系结方式是系带。直身的袖型为大袖，袖口处收小，袍身左右两侧开衩，袍的大、小襟及后襟两侧还要再分别接一片摆在外（共四片），除此之外，另有一种于双摆里再各添两片衬摆。这种双摆结构是区分道袍和直身的主要标志。直身的使用非常广泛，除士人百姓作为日常正装外，皇帝诸王的龙袍或其他文武官员的官服中都有。从明朝的部分画像中可以发现，带有补子的直身主要是作为常服所穿着的，另外在一些政治活动、外出或部分比较正式的礼仪祭祀中亦可穿着。《酌中志》记载："直身，制与道袍相同，惟有摆在外，缀本等补。圣上有大红直身袍。"直身也可以衬在圆领或其他袍服下穿着。

行衣是明代中后期官员和士人在燕居、出行时所穿的服饰，外形与道服很相似。以青色为主，交领、宽袖，领袖衣襟等处用蓝色缘边，衣身两侧开衩，便于骑马出行。官员所穿行衣也可以缀上补子。

深衣，被认为是古代圣贤的法服，明代深衣继承前人所定样式，与幅巾、大带一同穿着。一般为白色或玉色，领袖衣襟等处均有皂色缘边，衣身上下分裁，上衣为交领，宽袖，下裳用十二幅拼缝，象征十二月，前后身各为六

---

❶ 刘畅. 明代官袍结构与规制研究[D]. 北京：北京服装学院，2018：45.

幅，上衣中缝与下裳中缝对缝相连。

图1-60~图1-63为撷芳主人《大明衣冠图志》中明代汉族男子穿着的各类
袍服。

清代袍服按款式功能可以分为朝袍、吉服袍、常服袍、行袍、四裰袍、
开裰袍、缺襟袍、对襟袍、领袖袍、长袍、旗袍十一种。早期汉族男子多沿
袭明朝的服饰惯例，后渐接受清朝服饰形制，民间多着长袍、长衫，主要的
搭配有长袍配马褂，或着长衫配各色腰带。袍长至脚踝，下摆有四开裰、两

图1-60　道袍

图1-61　直身

图1-62　行衣

图1-63　深衣

开衩和无开衩三种类型，开衩多少被视为社会地位高低的象征，开衩越多则社会地位越高。平民百姓则着俗称"一裹圆"的不开衩长袍。清朝男子袍服随着社会的发展也有长短、用料等变化。早年袍服流行长款，后来又渐短，袖口也是先肥大，后窄小。清朝汉族女性多延续明代，早期服饰款式形制与明朝无异，在清中晚期随着民族之间的交融，也逐渐接受旗人袍服款式。

图1-64～图1-66均来自在《康熙御制耕织图》，图中人物所着服装皆沿袭明代服饰形制，女子多穿比甲，男子为右衽交领长衫。

清代长袍以其长度至膝下而得名，后多指男子的常服。以各色绸缎为之，制为双层，或纳以棉絮，圆领，窄袖，大襟，下长过膝。多用于秋冬及初春之季。清夏仁虎《旧京琐记·卷一》："士夫长袍多用乐亭所织之细布，亦曰对儿布，坚致细密，一袭可衣数岁。"❶李宝嘉《官场现形记》第四回："戴红缨大帽，身穿元青外套；其余的也有马褂的，也有只穿一件长袍的，一齐朝上磕头。"❷

对襟袍是马褂的前身，指对襟的长袍。清福格《听雨丛谈·卷一》："按明季庶人非骑马，不准穿对襟袍，以其便于乘骑云云。"❸

图1-64 《康熙御制耕织图》之浴蚕

图1-65 《康熙御制耕织图》之二耕

图1-66 《康熙御制耕织图》之祭神

❶ 夏仁虎. 旧京琐记[M]. 北京：北京古籍出版社，1986：39.
❷ 李伯元. 官场现形记[M]. 长春：吉林大学出版社，2011：20.
❸ 福格. 听雨丛谈·卷一[M]. 北京：中华书局，1997：12.

第一章 古代汉族民间袍服的造型演变

61

领袖袍是清代妇女礼服。近人崇彝《道咸以来朝野杂记》："妇女制服，最隆重者为组绣丽水袍褂。袍则大红色，褂则红青。妇女袍褂皆一律为长款，不似男服之长袍短褂。有时穿袍不套褂，谓之领袖袍，亦得挂朝珠。"

按照材料可以将明代袍服归纳为纱袍、纻丝袍、罗袍、绢袍、布袍、棉袍六种。明代袍服材料发生着巨大的改变，明朝初期贵族袍服以丝织品为主，以纳有丝绵的袍御寒。百姓贫者则只能以粗麻为衣料，纳乱麻等为絮来御寒。但是随着棉纺织技术的革新及在全国的推广流行，袍的面料及添加的絮发生着极大的变化，这变化是受技术革新深刻影响的。此时棉布逐渐成为民间袍服制作的主要原料，以木棉织成的布作为面料的袍大量出现，与此同时木棉也逐渐取代乱麻作为民间袍服的主要添加物，大大提高了百姓生活的物质水平，贵族所穿的丝绸则朝着精加工的高档面料方向发展演变，缂丝、云锦在贵族袍服中的大量运用就是在这个背景下产生的。随着纺织中心南移，经过唐宋时期至明代时，以苏州为中心的江南地区已经成了全国的纺织中心，明代官府在此设立官办织造局，皇室贵族及官僚所选用的单色织花或提花的绸、缎、纱等袍料主要来自江南三织造，高档丝织品中又以缂丝和云锦最为名贵。

布袍是一种布做的袍子，常见的有三种解释。第一种是布制长袍，主要被贫穷者穿服。第二种是特指布衣之意，被平民或隐士所穿服。明李昌祺《剪灯余话·洞天花烛记》："偶出游，至半道，忽有二使，布袍革履，联袂而来。"❶第三种是居丧之时所穿服之袍。明谈迁《枣林杂俎·智集》："（丧仪）仁圣皇太后之丧，大宗伯范濂衣白入朝，至阕门，忽传各官衣青布袍，急出易衣以进。"❷

棉袍是外表面料以棉织成或袍内纳有棉的袍子，以纳有棉絮的袍最为常见，是冬季御寒之服。明中后期棉花产量增大，棉纺织技术发展，所以棉被民间普遍使用，棉袍随之普及。

清代袍服按材料分为碧纱袍、纱袍、绵袍、棉袍、皮袍五种。

碧纱袍是绿色纱袍，多用于贵族。清张英《渊鉴类函·卷三七一》引虞谭《笔记》："泰宁二年，诏赠大夫碧纱袍。"

纱袍解释有二。一是以纱罗制成的公服，又称纱公服，有圆领大襟及斜

---

❶ 李昌祺. 剪灯余话·洞天花烛记[M]. 上海：上海古籍出版社，1981.
❷ 谈迁. 枣林杂俎·智集[M]. 北京：中华书局，2006：53.

领大襟数种。一般用于夏季，常朝礼见皆可穿着，以图凉爽。宋时已有，清代规定为正式礼服，从入伏用至处暑。清富察敦崇《燕京岁时记·换葛纱》："每至六月，自暑伏日起至处暑日止，百官皆服万丝帽、黄葛纱袍。"❶二是士庶常服。《清代北京竹枝词·草珠一串》："纱袍颜色米汤娇，褂面洋毡胜紫貂。"

绵袍是纳有绵絮之袍，多为窄袖、大襟、内絮丝绵。《清代北京竹枝词·都门杂咏》："军机蓝袄制来工，立领绵袍腰自松。"

棉袍是纳有棉的袍。清韩邦庆《海上花列传》第一回："身穿银灰杭线棉袍，外罩宝蓝宁绸马褂。"❷

皮袍是以皮为衬里的袍。亦有不用布帛为面，直接用皮制成者。专用于御寒。清魏子安《花月痕》第二回："岂知痴珠在都日久，资斧告罄，生平耿介，不肯丐人……自与秃头带副铺盖，一领皮袍，自京到峡，二十六站，与车服约定兼程前进。"周寿昌《思益堂日札》："嘉庆六年二月初六日，臣永瑆五十生辰，上赐……石青段银鼠皮褂一件，蓝二则段银鼠皮袍一件。"

二、明清袍服的演变

（一）明代袍服的演变

明代袍服远承唐制，近袭宋制，又受元代袍服影响，是文化传承与发展、游牧民族与农耕民族进一步融合的产物。

民间袍服有圆领右衽袍、交领大襟袍等，从形制上看明代袍服最显著的特征是领型以盘领或交领为主，衣襟为大襟右衽，袍身以上下通裁为主，宽身，系结方式为系带，罕有系扣，袍服两侧开衩，下摆为直摆或圆摆；明朝官袍最突出的特征就是官服之袍以盘领为主，士人便服之袍以交领为主，其他领型还有圆领、斜领、直领、合领、立领等。合领是宋代主要流行的款式，左右两领襟居中而合，故谓之合领，这一款型在明代尤其女性袍服当中得以较好的传承。盘领作为明代官袍所用之领型在明朝冠服中所用甚广，它是在圆领的基础上加以硬衬，其制相较一般圆领要略高一些，盘领的领口之处有纽襻，主要为男子穿服，流行于金、元、明三朝。立领最初是作为衬在圆领之内的领子而用的，之后直接连于袍上，此种领型因立挺、高坚于颈而得名，

❶ 富察敦崇，潘荣陛. 帝京岁时纪胜·燕京岁时记[M]. 北京：北京古籍出版社，1958：72.
❷ 韩邦庆. 海上花列传[M]. 上海：上海古籍出版社，1995：5.

自明代开始出现。明代袍服以大襟为主，此种款式是汉族男女的主要袍服衣襟形制，明代袍服衣襟的最大特点就是自领至腋下为一道向上的弧线或直线，两点各系一带以固定，明代袍服大襟处多镶缘，尤其儒士、生员、监生等以镶黑色缘为主，但崇祯时有监生服不镶缘的袍。明代袍服的袖型多种多样，袍服袖子之款式主要是根据袍服本身的用途决定的。明代袖型以窄袖为主，即使是宽袖，其弧度也比较小。明代有种鱼肚袖，就因整个袖身的造型呈鱼肚状而得名。明代袍服下摆以圆摆为主，其他还有直摆、燕摆、后长摆等。直摆以交领袍为例，男女并用，裾平直，底部方正。下摆形如燕尾，称燕摆，明代有乐工穿服。明代袍服罕有系扣，以系带为主，主要有两种系带方式：一是盘领袍服，为第一处系带在右肩近颈处右耳下，第二纽在右腋前侧。二是交领袍服，为系在右腋下前侧或系在右腋下前侧及右胯骨带前侧。由此可见，系带的位置随着领型的改变而改变着，如图1-67～图1-72所示。

明代袍服的装饰多以素雅为主，即便装饰也多用暗纹。从历史上看不同社会地位之人所穿袍服的色彩，有些发生着变化；有些则延续良久，很少变化。其中青袍自唐代至明代所穿者身份越来越高，绿袍自隋代至明代所穿者地位越来越低，而黄袍和白袍所穿人群则相对稳定。黄袍从隋代开始直至清朝覆灭的一千三百多年间，始终为最尊贵的象征。白袍则相反，只有少部分士子等有身份地位之人穿过，其余大部分时期均被视为普通百姓之象征。

图1-67　明《歌舞图》

明代袍服之色彩和前朝相比得到了新的发展，明代袍服以色彩命名的主要种类有绿袍、绯袍、青袍、蓝袍等，其中蓝袍最为特别，在这一时期大量出现，自明代开始蓝色袍服相对大量的出现，直至现代社会，蓝色都是袍服当中最主要的色彩之一。明代笔记小说盛行，里面描写了各个阶层的平民衣着，其中最常见的是蓝直裰，用蓝布缝制，衣领、衣襟上镶缝黑边，一般的儒生文士都穿，如图1-73所示。总之明代袍服的色彩制度及习俗都受到当时社会政治、经济、文化的深刻影响。

图1-68 明《词云弄雨》

图1-69 明浅驼色暗花缎夹袍

图1-70 明琵琶袖盘领袍

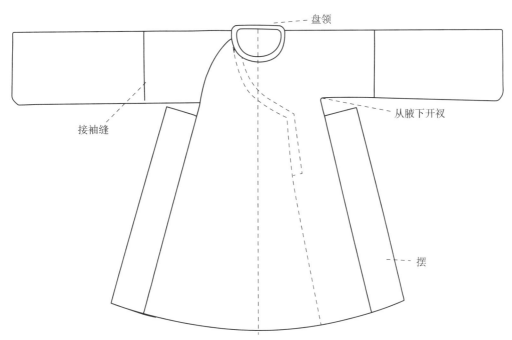

图1-71 明盘领袍服款式图（根据山东省孔府旧藏明代盘领袍服绘制）

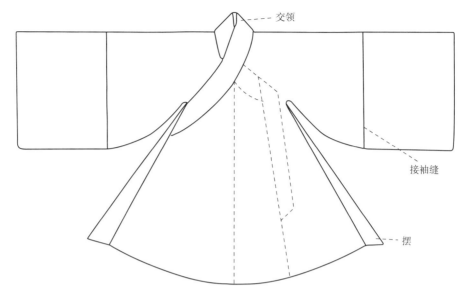

交领

接袖缝

摆

图1-72　明交领袍服款式图（根据山东省孔府旧藏明代交领袍服绘制）

图1-73　明着蓝直裰袍男子（图片来源网络）

明朝科技文化达到空前的发展，其车服礼仪制度高度完善，尤其在明朝中后期，棉纺织技术成熟，开始在全国流行开来，长江中下游地区开始出现了拥有数百台织机的工厂，这也是棉袍在明代流行的主要原因。明代服饰元素以中原文化为主，但是受历史原因的影响，游牧文化也对当时的服饰制度有所影响，盘领袍和交领袍共同组成了明代袍服的主要款式，明代袍服在朝堂、祭祀、婚庆、丧葬、燕居等场合被广泛应用，而且当时的袍服，无论男女老幼均可穿着。明朝袍服是当时服饰文化象征的产物，是当时中华文化的重要组成部分，其本身无论在形制上还是在色彩、装饰上都处处透露着中国的传统文化及哲学思想，这充分显示了袍服与传统文化的相容性。

（二）清代袍服的演变

袍服到了清代，由于统治阶级的推行及流行元素的影响，迎来了袍服的鼎盛时期。

清初袍服尚长，顺治末减短于膝，后又加长至踝上。同治年间比较宽大，袖子有一尺有余，光绪亦如此。《京华竹枝词》有："新式衣裳胯有根，极长极窄太难论，洋人着服图灵便，几见缠躬不可蹲。"至甲午、庚子后，变成极短极紧之腰身和窄袖。窄几缠身，长可覆足，袖仅容臂，形不掩臀。此是清末男子袍衫的时尚趋向。满族入关妇女所着均为交领长袍，但不左衽，后逐渐变为大襟，衣领为圆领或立领。入关初期，旗袍的上身较瘦，下摆则很宽大，袍袖于肩部略宽，至袖口处渐窄，立领较低或为圆领，大襟右衽。后来下摆渐宽，衣袖加宽，立领加高，领缘、衣缘及袖口喜镶宽大花边，多精致刺绣。若是两侧开衩，则在前后衣片的镶边上加饰云头。

清代袍服的整体特征总结为除朝服袍外均是连体通裁的特征，是礼服的重要组成部分，尤其女袍的礼服地位提高到前所未有的高度。

清政府恢复并大力发展建设了以江南三织造为主的官营纺织机构，袍的色彩及装饰都发展到前所未有的丰富程度，常见袍的色彩就有石青、明黄、蓝、绛红、褐、紫、玉、灰蓝、宝蓝、秋香、杏红、杏黄、月白、藏蓝、大红等十余种色彩，主要的红、黄、蓝等色系也出现了大量的细分，加之彩绣的色彩，袍的色彩相比前朝而言，更加富丽、繁复、华贵。

清代袍服形制演变主要受当时政治背景的影响。在清王朝统治的二百余年中，政治、经济发生了前所未有的急剧变化，复杂多变的社会环境，也给服饰带来冲击和影响。从服饰发展的历史看，清代对传统服饰的变革最大，服饰的形制也最为庞杂繁缛。清顺治二年（1645年）下剃发令，军民人等限旬日尽行剃发，并俱依满洲服饰，不许用汉制衣冠，以此作为归顺与否的标志。从此，男子改束发为削发垂辫，礼服以箭衣小袖、深鞋紧袜，取代了明代的宽衣大袖与浅鞋筒袜，明代男士袍服礼服形制基本消失。徐轲的《清稗类钞》记载清初民间传说明朝大学士金之浚和摄政王约定"十从十不从"，作为归顺条件，摄政王应允实行，虽然此说法出于野史笔记，但从实践中看记载不虚。此"十从十不从"也深刻地影响了清代的袍服形制，其中"男从女不从"：男子剃头梳辫子穿满服，女子仍旧梳原来的发髻，穿汉服。这就使男子袍服从明代形制演变为清代形制，尤其礼服的领型、袖口、开衩变化尤为明显。女子服装明显的分为满族女子的长袍（此长袍相对当时汉族女子长袍要略紧窄）和汉族女子的衣裳及相对宽大的长袍。"生从死不从"：生前要穿满人衣装，死后则穿汉族服饰。"官从隶不从"：当官的须顶戴花翎，身穿朝珠、补褂马蹄袖的清代官服，但隶役依旧是明朝的服饰。"老从少不从"：孩子年少，不必禁忌，但一旦成年，则须按满人的规矩办，所以童装的交领款式直到近代在农村地区还大量存在。"儒从而释道不从"：即在家人降，出家人不降。在家人必须改穿旗人的服装，并剃发留辫。出家人不变，仍可穿明朝汉式服装。"娼从而优伶不从"：娼妓穿着清廷要求穿着的衣服，演员扮演古人时则不受服饰限制，所以直至现代，戏装的主要款式还是以明代服装款式为主的。"仕宦从婚姻不从"：官吏管理按清朝典制，婚姻礼仪保持汉人旧制。

清朝政府是由习惯于穿袍服的满族统治阶级所建立，这就导致袍服在男女老幼之间全面流行开来，被广泛地应用到朝堂、祭祀、婚庆、丧葬、燕居等场合。清代袍服虽然在形制、装饰、色彩上发生了变化，但是平面裁剪、面料、染色等元素均是一脉相承，这体现了袍服的多样同一性。清代袍服是当时文化象征的产物，其本身从形制到色彩、装饰处处体现着传统文化，无论清代袍服的材料还是色彩、纹样都是以明代的材料和纹样、色彩为基础的，这充分体现了袍服与传统文化的相容性。

图1-74～图1-77为《古代风俗百图》中的插画，插画中人物所穿的是清朝满汉结合式的袍服，如图1-74所示，嬉戏玩耍的女孩有的身披云肩穿着长袍马褂，窄口裤；有的穿着短上衣，阔腿裤；图1-76中，女子穿着的上衣身长三尺有余，露裙二三寸，下裳为白色裙，而且外套短马褂。

图1-74 打大鼓

图1-75 请紫姑神

图1-76 挂钟馗

图1-77 盲人卖艺

图1-78 《衣冠扫地》
（出自《图像晚清·点石斋画报》）

图1-79 《名花任侠》
（出自《图像晚清·点石斋画报》）

图1-80 《不甘雌伏》
（出自《图像晚清·点石斋画报》）

图1-78～图1-80为《图像晚清·点石斋画报》❶中的插图，在西学东渐的时代背景下，图像中折射出晚清社会生活的趋新性变化。晚清时期，衣饰所蕴含的传统意义没有发生太大的变化，依然是贵贱富庶的象征，中国服式的传统特色也被广大中国人所固守，妇女所穿裙袄多绲花带，男子束袍多用满汉带，之后随着外来因素的侵渗和商品经济的日渐繁荣，民众的衣饰日益艳丽，且呈现西洋化的发展趋向，翩翩少年以"衣裳楚楚，裙屐翩翩，口含雪茄之烟，眼戴西国之镜"为美，如图1-78所示。男性的服饰变化，多表现为一些商人、买办和官宦子弟"平日鲜衣华服，趾高气扬"。

晚清时期，部分女性引导着女性服饰的走向，她们所用服饰新奇多端，如图1-79所示。另外还出现乔装现象，画报中就这一现象给予了极大关注，屡屡抨击此风，尽管官方一经发现必定严办，民众也往往给以薄惩，但乔装现象依然盛行。男子为了谋生、冶游，多扮女装。而女同胞们也扮男装以标新立异，女公子亦借以出游，"效旗人装扮者有之效西国衣裳、东瀛结束者亦有之，皆不脱闺秀本色"，如图1-80所示。尽管男女乔装现象有着不同的用意，但这是由人的欲望而引起的一种个性的苏醒，是对传统衣冠之治的一种挑战，与商品经济的发展和西学的冲击密切相关❷。

❶ 陈平原，夏晓红. 图像晚清·点石斋画报[M]. 天津：百花文艺出版社，2001：253-271.
❷ 裴丹青. 从《点石斋画报》看晚清社会文化的变迁[D]. 开封：河南大学，2005：9-10.

第二章

近代汉族民间袍服的造型演变

臻美袍服

第一节　近代汉族民间男子袍服的造型

　　1840年前后，西方人凭借"坚船利炮"打开了中国紧锁的大门，西方商品和资本蜂拥而入，随之而来的是西方资本主义文化对中华传统文化的冲击，西方用最不公平的条约绳索将中华民族裹挟进资本主义的世界秩序之中，同时也使得中华文化置身于一个崭新的文化参照系，中华文化遭遇到前所未有的挑战。正是在与异质文化——西方资本主义文化全面碰撞的过程中，中华文化扬弃蜕变并获得新生。❶

　　清后期，一般男子服饰有所谓京样：高领长衫，腰身、袖管窄小，外套短褂、坎肩（背心），头戴瓜皮小帽，手持"京八寸"小烟管，腰带上挂满刺绣精美的荷包、扇袋、香囊等饰物，这是当时的时髦打扮，很多地主商人就是如此装束。❷清末期，随着外来文化的侵入，关于袍服的各种繁复规定也渐渐简化了，之前常用的五彩织绣面料、袍服面料也逐渐被素色暗花取代，清朝常见的圆领长袍款式基本被立领取代，清朝常见的箭袖及袖的种种装饰之法，也渐渐弃之不用了，如图2-1～图2-3所示。

图2-1　1893年《新闻报》绘图　　图2-2　清末男子便装（图片来自网络）　　图2-3　1903年林长民和女儿合影（图片来自网络）

❶ 竺小恩. 中国服饰变革论[M]. 北京：中国戏剧出版社. 2008：132-133.

❷ 沈从文，王㐨. 中国服饰史[M]. 西安：陕西师范大学出版社. 2004：153-154.

本书所研究的民国时期的男子袍服以《近代汉族民间服饰全集》等文献和江南大学民间服饰传习馆近代袍服馆藏、中国服装博物馆近代袍服馆藏等进行研究。《近代汉族民间服饰全集》中记载，民国时期长袍多为男装常礼服，形制为立领宽身、细长直袖、右衽斜襟、下摆略起翘、有6～9对不等的一字盘扣，[1]整体特征与江南大学民间服饰传习馆藏品吻合。表2-1统计了江南大学民间服饰传习馆藏近代民间长袍的数量与形制。

表2-1　江南大学民间服饰传习馆藏近代民间长袍数量、形制

地区	山东	山西	中原	苏北	江南	皖南	闽南	云南
数量	3	3	7	5	4	9	1	2
领型	立领	立领	立领	立领或高立领	立领	立领	立领	立领
门襟形式	右衽	右衽	右衽	右衽	右衽	右衽	右衽	右衽
袖结构	找袖	找袖	找袖	找袖	找袖	找袖	找袖	找袖
收腰情况	无	无	无	无	无或有	无或有	无	无
开衩形式	两侧开衩	两侧开衩	两侧开衩	两侧开衩	两侧开衩	两侧开衩	两侧开衩	两侧开衩
下摆造型	圆摆	圆摆	圆摆	圆摆	圆摆	圆或直摆	直摆	圆摆

图2-4～图2-12[2]为白色提花棉布夹里袍服，收于皖南地区，其形制为右衽大襟，衣身呈A型，细窄长袖，高立领，前后中有破缝，袖子有找袖一处，小襟宽大、止口线直到前中线位置，小襟上有贴袋；衣长为122.5厘米，挂肩宽34厘米，大襟定宽11厘米，前胸宽为49厘米，下摆宽为74.5厘米，下摆起翘4.5厘米，两侧开衩高36厘米，通袖长177厘米，找袖长13厘米，袖口宽13厘米；领围为38厘米，领高为7厘米，前领脚无起翘，属典型的中式古典立领结构形态；斜襟有宽绲边1.5厘米，领口为双绲边，绲条宽均为0.8厘米，侧

❶ 崔荣荣. 近代汉族民间服饰全集[M]. 北京：中国轻工业出版社，2009：59.
❷ 注：本书所选用的近代民间衣裳实物皆来自江南大学民间服饰传习馆馆藏。

襟、袖口、开衩、底摆处为宽0.3厘米的线香绲；另饰有黑色双回盘香扣，其中侧襟有3组、大襟定处一组、领口处有一组；小襟上有一贴袋；面料幅宽约为76.5厘米（2尺3寸），衣身裁剪方法为大裁法，即前后中破缝的"十字"裁法；里料为浅蓝色细棉布，面、里料质地细腻，手感舒适柔软。该款袍衫的面料是月白色斜纹提花棉布，纹样是由以水仙、竹子、菊花为单位纹样元素构成的四方连续纹样，以平铺对接式排列，风格素雅，较符合当时男性文人气质。该款袍衫结构完整，无破损，表面略有污渍，全部手工工艺完成，工艺精细。

此件袍衫与民国早期开明女性等所穿袍衫形制几乎一致，但通过对款式尺寸的测量发现，除了斜襟领口的绲边装饰、双回盘香扣的形态，从现代审美角度看偏女性化外，其他更符合当时男性穿着的状态：从通袖（出手）长、挂肩长、领围、大襟定宽等部位的尺寸和穿着痕迹来看，应该为一男性穿着的袍衫。从历史的角度看，无论中外，民国早期男性服装的装饰性要远胜于女

图2-4　白色提花缎纹棉布夹里袍（江南大学民间服饰传习馆藏）

图2-5　白色提花缎纹棉布夹里袍衣襟打开图

图2-6　白色提花缎纹棉布夹
　　　　里袍领部图

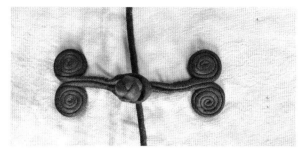

图2-7　盘扣实物图

图2-8　面料纹样（水仙）

图2-9　面料纹样（竹）

图2-10　面料纹样（菊）

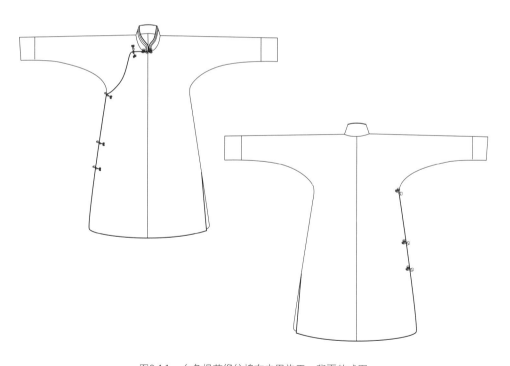

图2-11　白色提花缎纹棉布夹里袍正、背面款式图

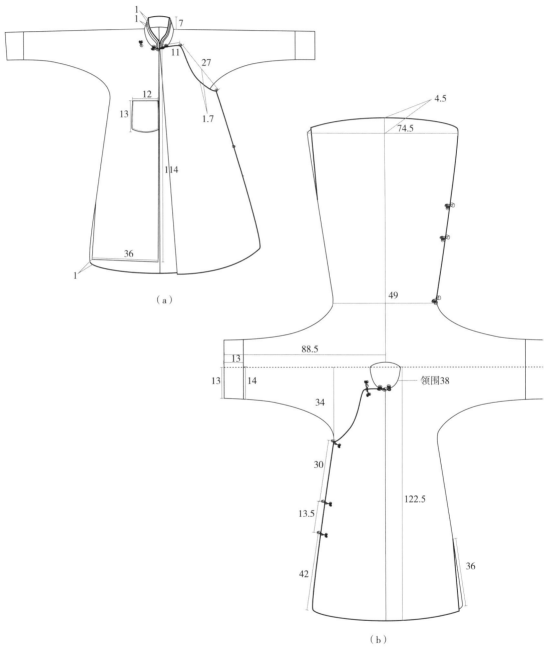

图2-12　白色提花缎纹棉布夹里袍数据测量图（单位：厘米）
（江南大学民间服饰传习馆藏品）

性，这件袍衫上略有些女性化的服饰特征，正是当时社会的真实写照。

民国初期传统男装长袍变化很小，形态稳定，之后男子袍服逐渐免去清代袍服繁复的命名，一概统称为长袍❶，如表2-1所示。民国长袍为立领或高立领、右衽、找袖、无收腰或有收腰、上下通裁、系扣、两侧开衩、直摆或圆摆。男袍常与马褂搭配，长袍多素身净面，只有暗纹、单绲边作为装饰，没有箭袖，袍身形制亦是从上窄下宽变得越发平直，衣襟的装饰简单到只留下1~2条细绲边。近人欧阳武《江西光复和二次革命的亲身经历》："民国初年，一般年轻人多数是穿绸缎制的小袖口长袍。"从1912年民国建立至1919年的"五四运动"前后，男装长袍基本以右衽大襟、细长窄袖、高立领、下摆宽松的款式为主，装饰较少，隆重场合中外套马褂以示郑重。这时期男袍的领子较高，偶有绲边、宕条等装饰，细长的袖子至1920年代后渐变宽松，如图2-13~图2-15所示。

如图2-16、图2-17为蓝色暗纹如意云纹绫绸夹男袍，是民国早期江南地区的男子长袍，其形制为右衽大襟，细窄长袖，高立领，前后中有破缝，小襟宽大、止口线直到前中线位置，小襟上有贴袋。衣长为128厘米，挂肩宽24厘米，大襟定宽11厘米，前胸宽为41.5厘米，下摆宽为67厘米，下摆起翘5厘米，两侧开衩高49厘米，通袖长152厘米，两处找袖长均为19.5厘米，袖口宽12厘米，领围36厘米，领高为6.5厘米，前领脚无起翘，属典型的中式古典立领结构形态；斜襟，领口、袖口有黑色绲边宽0.5厘米，领口有黑色双绲边

图2-13　1912年12月27日孙中山在上海松江清华女校与师生合影

❶ 赵波. 民国时期袍服研究[J]. 服饰导刊，2017，6（1）：27.

图2-14　1918年蔡元培等人在北大合影

图2-15　1919年"五四运动"中的北大学生

（a）正面实物图　　　　　　　　　　　（b）背面实物图

（c）领部正面实物图

图2-16　蓝色暗纹如意云纹绫绸夹男袍实物图
（江南大学民间服饰传习馆藏）

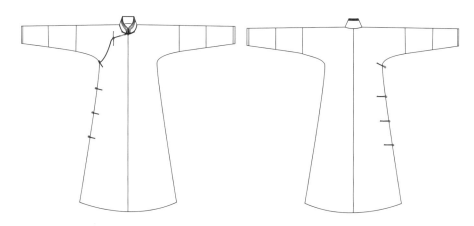

图2-17　蓝色暗纹如意云纹绫绸夹男袍正、背面款式图
（江南大学民间服饰传习馆藏品）

宽均为0.8厘米、宕条宽1厘米；黑色一字扣，其中侧襟有4组、大襟定处1组、领口处有1组，纽条长6厘米。衣身裁剪方法为大裁法，即前后中破缝的"十字"裁法。其面料幅宽约为38厘米（1尺1寸5分），面料纹样为传统四合如意云纹绫绸，从面料幅宽可以推断为老式传统织机所制。该男袍实物保存较好，略有污渍。整件男袍皆是手工工艺完成，工艺精细，其中领口双绲一宕的装饰手法，反映了早期男袍还略有一些装饰工艺的运用，而在其后的男袍款式中就很少见了。张爱玲在《流言》更衣记一节中提到，男装的近代史较为平淡，只有一个极短的时期，民国四年至八年，男人的衣服也讲究花哨，绲上多道的如意头，而且男女的衣料可以通用。❶

图2-18为烟灰紫暗纹折枝提花绫绸夹男袍，亦是收于皖南地区的民国早期男子长袍，其形制亦为右衽大襟，细窄长袖，高立领，前后中有破缝，袖子瘦长，袖口较窄，有找袖，后摆左右有拼角，小襟宽大、止口线直到前中线位置，小襟上有贴袋。衣长为123厘米，挂肩宽29厘米，大襟定宽11厘米，前胸宽为48厘米，下摆宽为70厘米，下摆起翘5.5厘米，两侧开衩高43厘米，通袖长89.5厘米，找袖长38厘米，袖口宽12厘米，领围41厘米，领高为6厘米，前领脚无起翘，属典型的中式古典立领结构形态；斜襟，领口、袖口有同色宽0.3厘米的绲边；同色一字扣，其中侧襟有4组、大襟定处1组、领口处有1组，侧襟的纽扣较短长4厘米，斜襟领口的纽扣较长5.5厘米。衣身裁剪方法为大裁法，即前后中破缝的"十字"裁法。面料幅宽约为53厘米（1尺6

图2-18　烟灰紫暗纹折枝提花绫绸夹男袍
（江南大学民间服饰传习馆藏品）

---

❶ 张爱玲. 流言[M]. 北京：北京十月文艺出版社，2009：86.

寸），面料纹样为折枝提花绫绸，面料纹样由三组较为写实的大朵折枝花为构成元素进行平铺式排列而构成四方连续纹样，单位纹样元素之间无穿插，以线为主要表现手法，整体构图较为松散，纹样元素之间有"空路"。从纹样构成的形式来分析，该款长袍的面料织造，已开始有西洋元素融入，只是还处于早期模仿阶段，对于西式图案构图方式还没有完全领会要点。

　　图2-19、图2-20为蓝色杭罗长衫，是民国中后期的男子长袍，其形制亦为右衽大襟，但袖口明显变宽，立领高度也适中，前后中有破缝，袖子有找袖，小襟宽大、止口线直到前中线位置，小襟上有贴袋。衣长为138.5厘米，挂肩宽29厘米，大襟定宽9.5厘米，前胸宽为52厘米，下摆宽为70厘米，下摆起翘2.5厘米，两侧开衩高49厘米，通袖长168厘米，找袖长15.5厘米，袖口宽18.5厘米，领围为40厘米，领高为5厘米，前领脚无起翘，属典型的中式古典立领结构形态；领圈有同色绲边宽0.3厘米；同色一字扣，其中侧襟有5组、大襟定处1组、领口处有1组，纽扣长4.5厘米；大襟止口、开衩、下摆处皆有贴边，领圈处有托肩，衣身裁剪方法为大裁法，即前后中破缝的"十字"裁法。面料为传统杭罗面料，幅宽约为70厘米（2尺1寸）。

图2-19　蓝色杭罗长衫正面实物图
（江南大学民间服饰传习馆藏品）

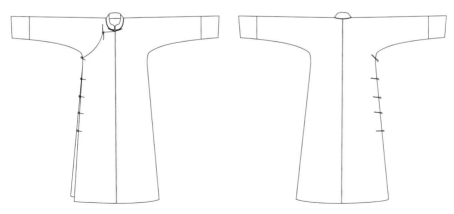

图2-20　蓝色杭罗长衫正、背面款式图
（江南大学民间服饰传习馆藏品）

图2-21为棕色洋呢单男袍，在款式形制跟上件长袍一样，不同的是采用西式的洋呢面料，左侧缝处有暗插袋，这在传统长袍上是没有的，传统长袍都是在小襟上贴一口袋。这两件长袍还有一个共同的工艺手法，就是已经使用缝纫机机缝工艺：前后中缝、大襟贴边、开衩、底摆等部位均先缝纫机机缝后，再手工缲缝（正面呈星点缝），另外在前后中缝的工艺处理上采取了内包缝的手法，以此来"做光"缝份，这是没有包缝机时处理衣片缝份毛边常用的一种手法，也是西式缝制工艺手法之一，如图2-22所示。

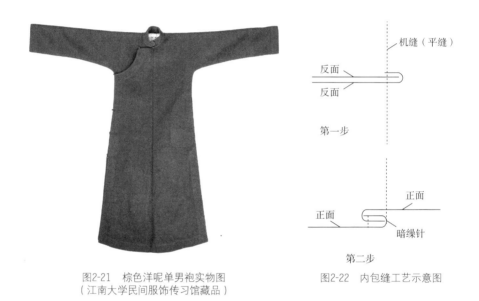

图2-21　棕色洋呢单男袍实物图　　　　　图2-22　内包缝工艺示意图
（江南大学民间服饰传习馆藏品）

第二节　近代民间女子袍服的造型

清末，随着满汉交融的进程，汉族民间也渐渐接受满族服饰的造型，并与之互相融合借鉴，旗袍是清代女子流行的服装，受汉族服饰的影响，款式上也渐有变化：如袖子由马蹄袖改成了平袖，日常的旗袍由四边开衩变为两边开衩，旗袍的样式与汉族民间女子的斜襟大袄颇为接近。所以，在清初，

妇女特别是满汉女性的服饰都是极具民族特色
的，到后来民族服饰之间出现相互渗透现象，随
着民族之间认同感的增加，彼此间的服饰设计相
互吸取并融合，则在清末逐渐形成不分你我的统
一装饰，如图2-23所示。

图2-23　1893年《新闻报》绘图

　　清末民初的洋务运动、戊戌变法、辛亥革
命、新文化运动、五四运动等系列文化和社会的
矛盾激荡，女性的命运、地位发生变化，在深度
和广度上都超过任何一个时代和群体，女性开始
走出家庭接受教育，教育和学识使清末民初的女
性形象发生翻天覆地的变化，女性自我意识觉
醒，穿着上开始接近男性服饰。

　　总的来说，近代女性服饰的发展流行可以大概分为三个阶段[1]：一是1840
年至20世纪初的头十年；二是20世纪10～20年代；三是20世纪20年代中期至
20世纪40年代。第一阶段20世纪初的女性服饰与晚清相似，变化缓慢；第二
阶段是中国传统服饰开始向西式服饰过渡的时期，服饰风格开始多样化。这
个阶段最流行的女性服饰是上袄下裙制的"文明女装"，主要由女学生引领潮
流；第三阶段是"妇女流行服饰精彩辉煌的时期"。这个横跨20～40年代的服
饰时期，可以理解为近代中西服饰审美观从相互接触、冲突到融合的起伏过
程，以下将对20世纪20～40年代的旗袍造型逐一进行归纳总结。

　　图2-24是1904年，北京一家教会女子寄宿学校，学生们正在上课。

　　图2-25是20世纪初，11名女孩在上海王家堂圣母院女塾中接受教育。

　　这两张照片上的女性无论年龄大小，均着右衽大褂，领子低矮，但衣身
较长，有的甚至长至脚踝。

　　图2-26是女革命家秋瑾先生的照片，照片中的秋瑾先生身着男式长袍马
褂，手拄西洋伞，脚蹬西式皮鞋，完全男子装扮。

　　图2-27是著名文学家冰心先生年少时与父亲合影，照片中冰心先生和父
亲穿着同款的长袍，这也是当时开明家庭鼓励女性走出家庭，服务社会，寻
求独立人格的映照。

---

❶ 卞向阳. 近代上海妇女服饰时尚[D]. 上海：中国纺织大学，1994.

图2-28是民初女子着男子长袍的照片，照片中除短款马褂外，男女长袍款式上无明显差别，这是早期女子力求与男子权利平等的象征之一。

图2-24　1904年北京一家教会女子寄宿学校照片（局部）

图2-25　20世纪初上海王家堂圣母院女塾

图2-26　1905年秋瑾照片

图2-27　1910年前后冰心与弟弟谢为涵
　　　　和父亲合影

图2-28　民初女子服男子长袍

　　本书所研究的民国时期的女子袍服是以《近代汉族民间服饰全集》等文献和江南大学民间服饰传习馆近代袍服馆藏、中国服装博物馆近代袍服馆藏等为依据进行研究，表2-2是江南大学民间服饰传习馆藏近代民间旗袍数量、形制。

表2-2　江南大学民间服饰传习馆藏近代民间旗袍数量、形制

地区	山东	山西	陕西	江南	皖南	闽南	云南
数量	6	12	1	9	5	1	10
领型	小立领或立领	立领	立领	立领	立领	小立领	立领
门襟形式	右衽	右衽或双襟	右衽	右衽	右衽	右衽	右衽
袖结构	找袖	找袖	找袖	找袖	找袖	找袖	找袖
收腰情况	无收腰	无收腰或收腰	收腰	收腰	无收腰或收腰	收腰	收腰
开衩形式	两侧开衩	两侧开衩	两侧开衩	两侧开衩	两侧开衩	两侧开衩	两侧开衩
下摆造型	圆摆	圆摆	直摆	圆摆	直摆	直摆	圆摆

　　如表2-2所示，近代汉族民间女子袍服造型为立领或小立领、右衽或双襟、找袖、无收腰或有收腰、两侧开衩、直摆或圆摆。

　　图2-29～图2-32为蓝色提花绸夹里袍，收藏于山东地区，其面料褪色严重，但无破损，品相完好。该袍形制为右衽大襟，细窄长袖，立领，前后中有破缝，袖子无找袖，小襟宽大、止口线直到前中线位置，整体廓型为下摆略开的A型，属于民国早期的款式。衣长为109厘米，挂肩宽20厘米，大襟定宽11厘米，前胸宽为48厘米，下摆宽为70厘米，下摆起翘3.5厘米，两侧开衩高38厘米，通袖长138厘米，袖口宽13厘米，领围32厘米，领高为3.5厘米，前领脚无起翘，属典型的中式古典立领结构形态；同色一字扣，其中侧襟有5组、大襟定处有1组、领口处有3组，纽扣挺直、结实，针脚细密整齐。衣身裁剪方法为大裁法，即前后中破缝的"十字"裁法，该裁剪方法一般无小襟拼缝，小襟与袖片、后身形成一整衣片。

图2-29　蓝色提花绸夹里袍实物图
（江南大学民间服饰传习馆藏品）

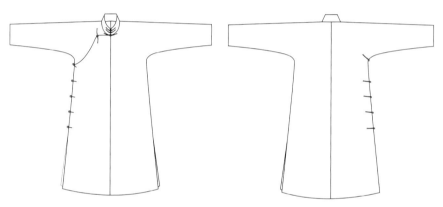

图2-30　蓝色提花绸夹里袍正、背面款式图

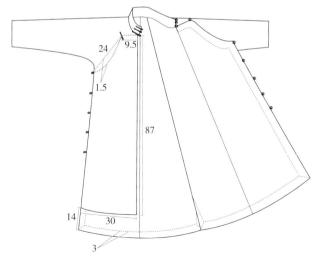

图2-31　蓝色提花绸夹里袍小襟测量图（单位：厘米）

臻美袍服

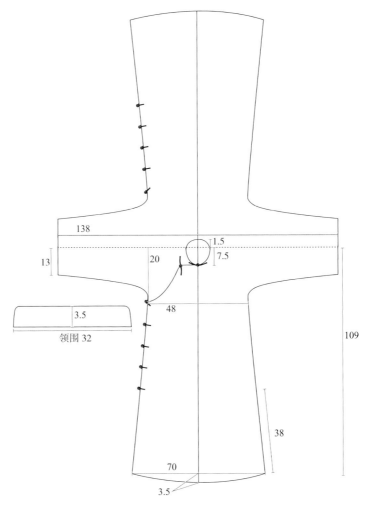

图2-32 蓝色提花绸夹里袍款式测量图（单位：厘米）

　　20世纪20年代中期，民国十三四年，旗袍渐渐流行，此时旗袍的袍身还是宽松的自然线型；民国十六七年，国民革命军北伐渡江，妇女袍服开始盛行，部分单、夹、棉、裘的袍服统称旗袍，款式为袍长在膝与踝之间，袖长在手腕之上。继而国民政府于民国十八年八月十六日（1929年）颁布服制条例，规定妇女礼服有甲、乙两式，甲式为袍，据规定："（袍）齐领，前襟右掩，长在膝与踝之中点，与裤下端齐。袖长在手脉之中点，用丝、麻、棉、毛织品。色蓝，纽扣六。"民国政府此等服饰制度实乃参照当时社会一般习俗而定，属于因俗制礼，故便于在民间通行。

20世纪20年代末至30年代初，旗袍开衩成为一种时尚的象征，甚至不少新潮女性将袍衩开至臀下，与此同时旗袍的领型也变化无常，时而高耸及耳，即使在盛夏，薄如蝉翼的旗袍也要配上高领；时而流行低领，乃至最后发展到无领。具体服装款式见如下旗袍图像，其来源于1920～1929年的报刊上所刊载的穿着旗袍的民国女性服饰图像。

图2-33　1922年《小说时报》第壬戌1期

图2-34　1926年《图画时报》第300期

图2-33是1922年《小说时报》第壬戌1期刊载的上海冰玉的照片。

图2-34是1926年《图画时报》第300期刊载的新装束：此衣类似旗袍而稍加改制，或去领或沿边缘以花，两女孩之发一已剪短一则编双辫服之殊为美观。

图2-35是1926年《图画时报》第306期刊载的女新闻家的合影。

图2-36是1927年《图画时报》第335期刊载的杨令莆女士抵达美国后的照片。

图2-37是1929年《图画时报》第552期刊载杭州女子中学学生陈萱照片。

图2-38是1929年《红玫瑰》第5卷第11期刊载宋美龄女士全身照。

图2-35　1926年《图画时报》第306期

图2-36　1927年《图画时报》第335期

图2-37　1929年《图画时报》第552期

图2-38　1929年《红玫瑰》第5卷第11期

图2-39～图2-44为浅绿地大朵玫瑰印花真丝绉倒大袖夹旗袍,其内衬米色真丝绉纱,形制为右衽大襟,高立领,后领中有挂耳,袖子呈明显的倒大袖形状,前后无中缝,袖子面料无找袖,里料有找袖,左侧无开衩,采用挖大襟裁剪法,挖襟量为2厘米,小襟下端10厘米处有拼缝,小襟细长直至下摆;领口、袖口、大襟止口边、开衩、下摆均为米黄色素绉缎线香绲,绲条细致匀称,仅0.2厘米宽,三叶草形绲条同色盘花扣(软扣),侧襟处有四组,大襟定处有一组,领口有一组,领口有领钩一组,大襟定和前中纽扣之间、斜襟中间、侧襟上段皆有已拆除暗扣遗留的线头痕迹;衣长为108厘米,挂肩宽23厘米,大襟定宽7.5厘米,胸宽为37厘米,下摆宽为54厘米,下摆起翘2厘米;通袖长90厘米,袖口宽30厘米,里料找袖上长20.5厘米,下长16.5厘米;领围32厘米,后领深1.5厘米,前领深7厘米,后领宽5.5厘米,领高3.5厘米,前领脚无起翘,属典型的中式古典立领结构形态;面料轻薄通透,色泽柔和,但由于时间长久,面料有黄化变硬的倾向,整体为A型倒大袖,属于20世纪20年代早中期的典型款式。

图2-39　浅绿地大朵玫瑰印花真丝绉倒大袖夹旗袍实物图
(江南大学民间服饰传习馆藏)

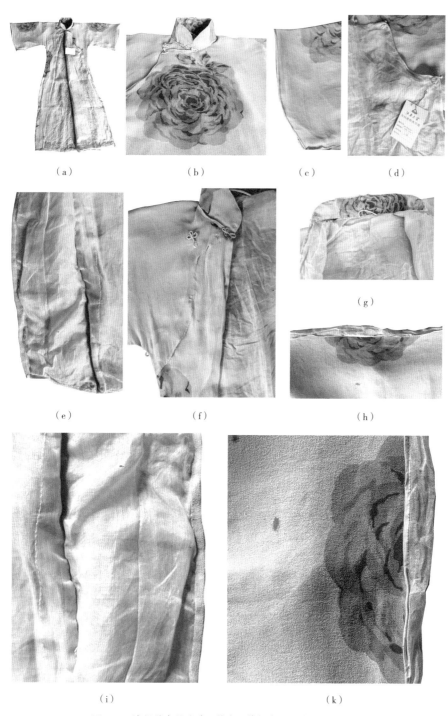

（a）　　　　　（b）　　　　　（c）　　　　　（d）

（e）　　　　　（f）　　　　　（g）

（h）

（i）　　　　　　　　　（k）

图2-40　浅绿地大朵玫瑰印花真丝绉倒大袖夹旗袍细节图

臻美袍服

图2-41　浅绿地大朵玫瑰印花真丝绉倒大袖夹旗
袍纹样（单位：厘米）

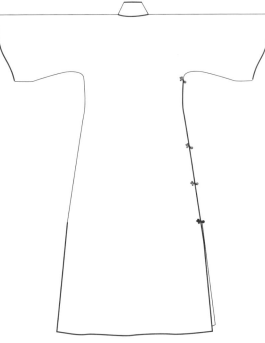

图2-43　浅绿地大朵玫瑰印花真丝绉倒大袖夹旗
袍款式图（背面）

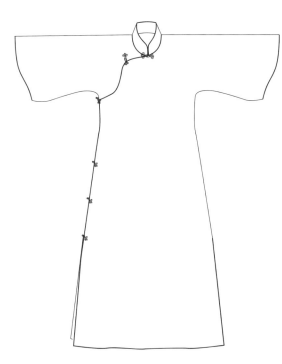

图2-42　浅绿地大朵玫瑰印花真丝绉倒大袖
夹旗袍款式图（正面）

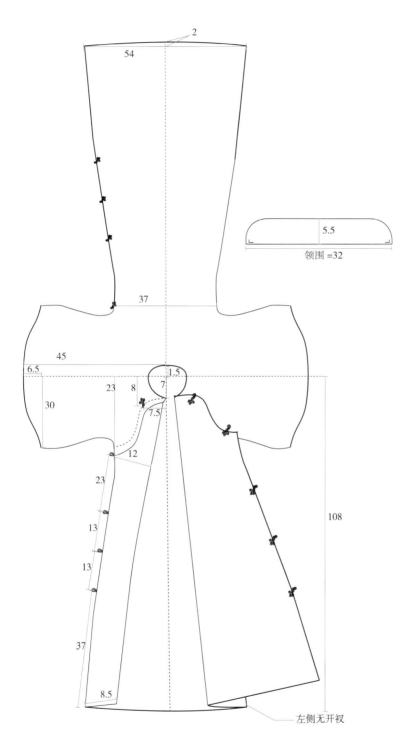

領围 =32

左侧无开衩

图2-44 浅绿地大朵玫瑰印花真丝绉倒大袖夹旗袍结构测量图（单位：厘米）

　　该件女式袍衫为全手工缝制，做工极为精细，缲针细密匀称，缝制小襟时采用扣压缝式，以肩压袖、用几乎不见针迹的细密星点缝缝制；缝制绲条时利用纱绉面料的弹性，绷直面料，使其长于面料自然状态时的尺寸，用绲条绷缝衣边止口，这样成品后衣边止口略呈波浪形，这样的工艺手法，使衣服极符合当时流行的波浪花边款式形状。20年代中期的旗袍曾经流行蝴蝶褶的下摆，还有荷叶边的袖口、领口等，这些似乎都具有西式连身长裙的特征，而与中国传统服饰的装饰差别较大。❶西方的花边装饰可以看作是当时时尚人士对西方流行的一种借鉴和利用，正如屠诗聘先生形容1926年左右的旗袍变化所言："当时女子虽想提高旗袍的高度，但是先用蝴蝶褶的衣边和袖边来掩饰他们的真意。"❷

　　该旗袍的大襟止口、开衩、下摆、袖口、领口处的面料和里料皆以绲条包缝的手法进行合缝，而在缝制腋下侧缝时，由于面里料都太过轻薄，采用了直条绲边进行插入式包缝，以加固此处的缝份，且缝份倒向后身方向；其面、里料之间无绗缝固定，故裙摆有里料外翻；为防止小襟止口里料外翻，在缝制时，先用扣压缝缲缝面、里料，然后再将面料止口扱向里料一个缝份宽度（0.5厘米），用绗缝针固定；另外从所有缝份止口黄化现象比其他部位严重，且手感较其他地方稍硬的情况来看，该件女袍采用完全传统的刮浆法工艺：将面料衣片裁剪好后，将之与里料用浆糊粘合（0.5厘米）在一起后，晾干再裁剪里料，这样裁剪出来的面里料尺寸一致。而且裁片止口上浆后硬挺不变形，容易制作。

　　浅绿地大朵玫瑰印花真丝绉倒大袖夹旗袍的面料是新式的印花面料，面料幅宽约为100厘米（3尺），所印纹样为中式传统里不常见的玫瑰花，且纹样花朵硕大（21.5厘米×27厘米），采用极具写实性的阴影描绘法，以单向点式平铺方式排列于面料上，娇艳的浅绿色地配以写实的大朵红玫瑰，极具视觉冲击力。所以从面料幅宽和纹样设计的方式来看，这是民国早期采用新式纺机和印染方式织造的面料。

　　另外，浅绿地大朵玫瑰印花真丝绉倒大袖夹旗袍的制作已有受西式制作方式影响的痕迹，如后领座处装有西式的挂耳，将西式风衣、西装外套上的

❶ 白云. 中国老旗袍——老照片老广告见证旗袍的演变[M]. 北京：光明日报出版社，2006.
❷ 屠诗聘. 上海市大观（下）[M]. 北京：中国图书杂志公司，1948.

部件配置用到中式旗袍上，说明西式生活方式对中式服装的影响不只是面料、结构等方面，在存放方式上也有一定的影响：中式服装的平面性决定了其适合平面折叠，这就难免会有折痕影响外观，但若采用悬挂的方式则可解决这样的问题。但这件旗袍材料是极为轻薄的真丝纱绉类材料，经不住挂耳的拉扯，所以在后领座处里料有明显撕裂的破损，如图2-40所示。

对比从20世纪20年代中期到20年代末的图像资料，发现旗袍的穿着效果每年都在变化，在1927年的时候旗袍还相对平直，之后，旗袍的下摆从长及脚踝处迅速上升，先是达到了小腿中央的位置，但下摆是不开衩的。另外开襟的位置也起了变化，门襟的止口在腰节线向下3.3厘米（1寸）左右的位置，右侧缝也不再完全打开纽扣系结，而是改成了套穿的模式。这个结构的创新之处在以前中国的传统服饰里是没有的，大概也是受了西方服饰的影响。这时短旗袍的装饰已经非常简约，有用异色面料做线香绲的，也有用新兴蕾丝花边或钉珠花边做装饰的，面料的使用上有传统面料，也有西洋风格面料。

图2-45～图2-48为杏粉色电力纺印花绸倒大袖单旗袍，形制为套头式右衽大襟，方角立领，倒大袖，前后无中缝，袖子有找袖，侧缝无开衩，采用挖大襟裁剪法，挖襟量为1厘米，小襟短窄细长、止口为面料光边；领口、领围、袖口、斜襟止口边、开衩、下摆均为钉珠花边装饰；同色绲条一字扣，侧襟处一组，大襟定处一组，领口一组，领口处有领钩一组，大襟定与领口之间有暗扣一组，侧襟处有暗扣两组，侧襟开口长25厘米；衣长104厘米，挂肩宽23厘米，大襟定宽7厘米，胸宽41厘米，下摆宽为58厘米，下摆起翘3厘米；通袖长112厘米，袖口宽23.5厘米，找袖长22.5厘米，宽21.5厘米；领围34厘米，后领深1.5厘米，前领深7厘米，后领宽5.5厘米，后领高4.5厘米，前领高3.4厘米，前领脚起翘0.5厘米；属于20世纪20年代后期的时尚款式。

图2-45　杏粉色电力纺印花绸倒大袖单旗袍
（江南大学民间服饰传习馆藏）

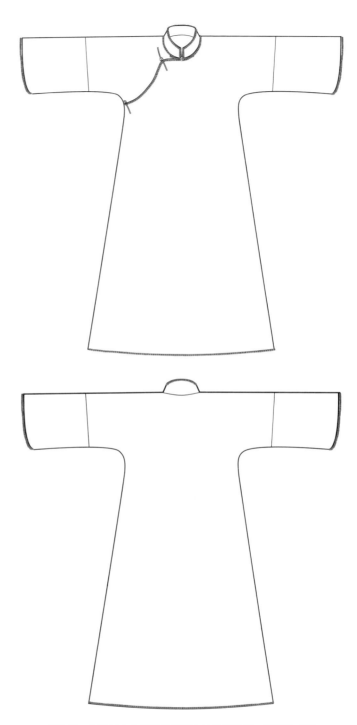

图2-46　杏粉色电力纺印花绸倒大袖单旗袍正、背面款式图

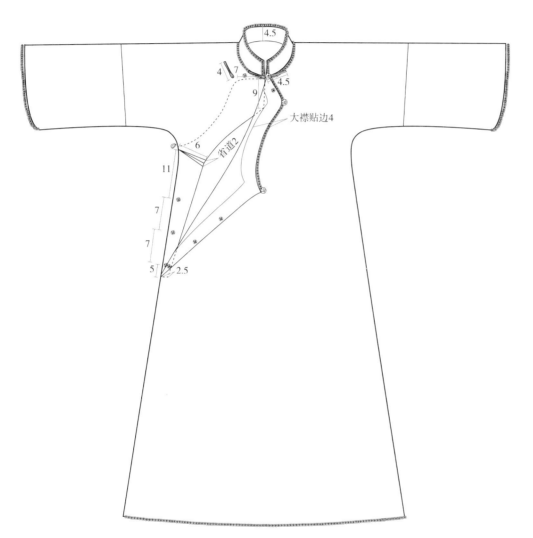

图2-47 杏粉色电力纺印花绸倒大袖单旗袍小襟数据测量图（单位：厘米）

臻美袍服

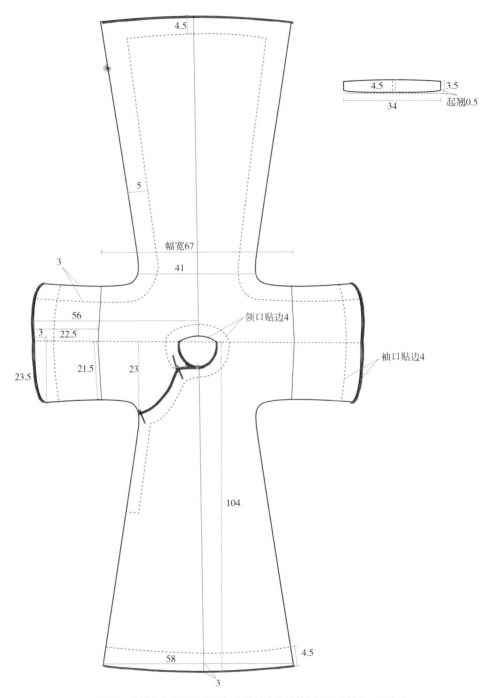

4.5

4.5 | 3.5
34
起翘0.5

5

幅宽67

41

3

56

领口贴边4

3 22.5

袖口贴边4

23.5 21.5 23

104

58 4.5

3

图2-48 杏粉色电力纺印花绸倒大袖单旗袍结构测量图（单位：厘米）

杏粉色电力纺❶印花绸倒大袖旗袍廓型呈典型的"A"型，无论是款式结构还是面料、工艺都有当时最新的流行元素，首先面料是真丝电力纺材质，质地细密轻薄，印花纹样具有典型的西方"新艺术"❷运动风格特征，簇叶卷草构成单束大朵纹样形式，通过对单个纹样左右反转构成单位纹样的两个散点元素，进行单向平接式排列；款式上是右衽大襟形式，实际采用西方连衣裙式套头方式，这是传统中式袍服里没有的，侧缝也没有开衩，由于是套头式，该件旗袍的胸围尺寸要大于同时期的开襟类旗袍；工艺上采用钉珠花边作为唯一的装饰手法，缝制上也是机缝和手工相结合，如小襟的缝制就是先机缝小肩和小襟片再手工暗缲针缝制缝份（包缝工艺），其他部位也多采用类似工艺手法。

图2-49～图2-52为蓝色暗格纹洋绸单旗袍，其形制为右衽大襟，高立领，袖子呈直筒状（找袖为长方形），前后无中缝，袖子有找袖，短开衩（12厘米），采用挖大襟裁剪法，挖襟量为1.5厘米，小襟窄长、止口为面料光边；领口、领围、袖口、大襟止口边、开衩、下摆均为同色面料线香绲，绲条细致匀称，仅0.2厘米宽，在线香绲边有浅灰紫色蕾丝花边宕条装饰；同色绲条双回纵向盘香扣，侧襟处6组，大襟定处1组，领口3组，侧襟上口、斜襟处各有"555☆"牌揿钮一组，侧襟扣距15厘米；衣长115厘米，挂肩宽22厘米，大襟定宽7.5厘米，胸宽37.5厘米，腰宽37厘米（肩部向下30厘米），下摆宽为54.5厘米，下摆起翘3厘米，开衩12厘米；通袖长112厘米，袖口宽20厘米，找袖长17.5厘米，宽20厘米；领围35.5厘米，后领深1.5厘米，前领深7厘米，后领宽5.5厘米，领高6.3厘米，前领脚起翘0.5厘米；面料无褪色，组织细密厚实，悬垂性较好，有人造丝类面料特有的"贼光"质感，属于20世纪20年代末期的典型款式。

---

❶ 电力纺是桑蚕丝生织纺类丝织物，以平纹组织制织。因采用厂丝和电动丝织机取代土丝和木机制织而得名。电力纺品种较多，按织物原料不同，有真丝电力纺、黏胶丝电力纺和真丝黏胶丝交织电力纺等。按织物每平方米重量不同，有重磅（40g/m²以上）、中等、轻磅（20g/m²以下）之分。按染整加工工艺的不同，有练白、增白、染色、印花之分。电力纺产品常接地名命名，如杭纺（产于杭州）、绍纺（产于绍兴）、湖纺（产于湖州）等。电力纺织物质地紧密细洁，手感柔挺，光泽柔和，穿着滑爽舒适。重磅的主要用作夏令衬衫、裙子面料及儿童服装面料；中等的可用作服装里料；轻磅的可用作衬衫、头巾等。其是一种高档面料。

❷ 新艺术运动：源于19世纪末20世纪初，是欧美的装饰艺术，以卷曲的形状作为基础造型，包括自然界中卷曲的织物和卷曲的线条，体现一种浪漫的情怀和多愁善感的情调。常使用图形呈现曲线状，如弯曲的水草、转动的木头年轮、悠然升起的炊烟、风中的头发等，为满构图形式。

图2-49 蓝色暗格纹洋绸单旗袍
（江南大学民间服饰传习馆藏）

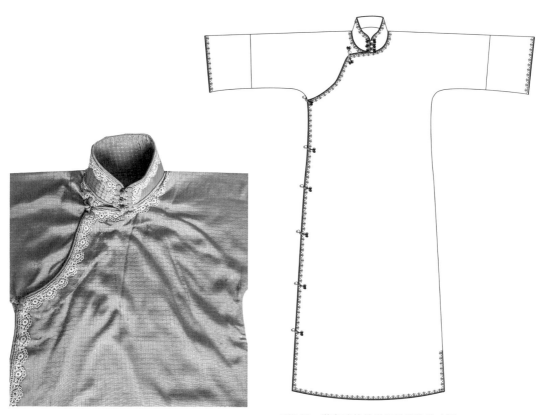

图2-50 绲边细节　　　　　　图2-51 蓝色暗格纹洋绸单旗袍款式图

领围 35.5

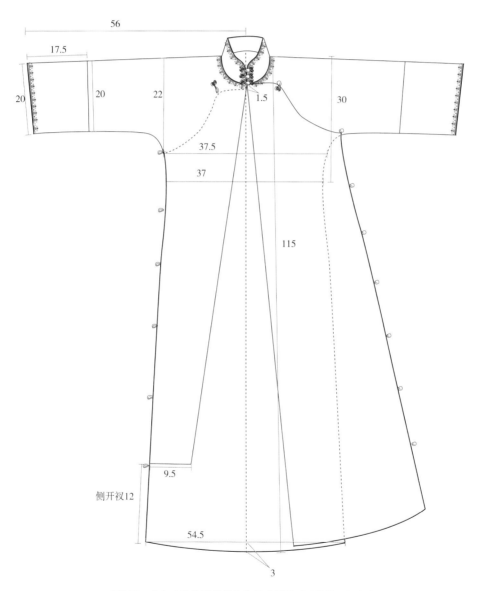

图2-52 蓝色暗格纹洋绸单旗袍款式测量图（单位：厘米）

蓝色暗格纹洋绸单旗袍从胸围下开始略微收进，随后侧缝以胖势形态向下，至下摆微微向外，袍身整体廓型呈极微弱的"A"型，这也说明这个时期的旗袍已从前几年明显的"A"向"H"型过渡。且从袖子的宽松度来看，直筒形的袖子与偏瘦的衣身的比例并不是太协调，这也是过渡时期旗袍的一个结构缺陷。

据实物研究，该旗袍为全手工缝制，针脚细密匀称，大襟、袖口、开衩、下摆有贴边，侧缝用直绲边插入式翻包缝，由于无衬里，故沿领口周围有4厘米宽的托肩❶，蕾丝花边宕条、绲边与贴边的缝制顺序是先贴缝蕾丝花边，再正面回针缝合绲条（0.2厘米），然后在反面将贴边与绲条以"星点缝"针法缝合。贴边、绲条止口均有上浆、打水线的痕迹。从领子面料纱线的情况看，该领子已开始有起翘，只是起翘量还非常少，这也说明领子已经由上下口一样宽的直筒式渐向上小下大的合体式过渡，已有了朦胧的立体造型意识。

图2-53～图2-55为深棕色朵花提花纹闪光缎夹旗袍，内衬暗红色真丝里料，形制为右衽大襟，小立领，后领中有挂耳，袖子呈倒大袖形状，前后无中缝，袖子有找袖，左侧开衩，采用挖大襟裁剪法，挖襟量为2厘米，小襟下端宽4.5厘米，腋下有三角形拼缝，小襟细长直至开衩；领口、领围、袖口、大襟止口边、开衩、下摆均为同色面料线香绲，绲条0.4厘米宽，一字扣，侧襟处九组，大襟定处一组，领口一组；衣长为110厘米，挂肩宽21厘米，大襟定宽7.5厘米，胸宽为52厘米，腰围46.5厘米（肩部向下30厘米处），臀围宽56.5厘米（肩部向下62厘米处），下摆宽为54厘米，下摆起翘1厘米；通袖长129厘米，袖口宽19.5厘米，袖口起翘2厘米；领围35厘米，后领深1.5厘米，前领深7厘米，后领宽5.5厘米，领高3厘米，前领脚起翘0.5厘米，面料为新颖的闪光缎类，色泽明亮，无褪色现象。

图2-53　深棕色朵花提花纹闪光缎夹旗袍
（江南大学民间服饰传习馆藏）

---

❶ 托肩：在领子反面周围贴缝的一层面料，一般宽4厘米左右，多用同色面料。

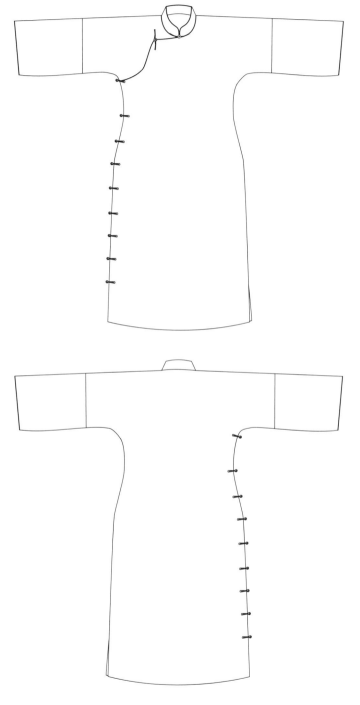

图2-54　深棕色朵花提花纹闪光缎夹旗袍正、背面款式图

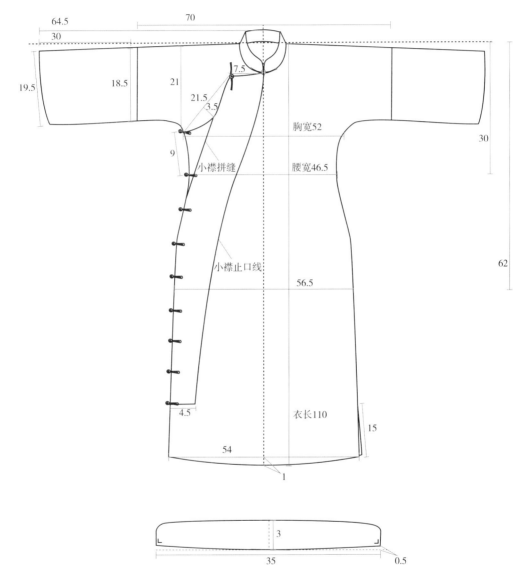

胸宽52

腰宽46.5

小襟拼缝

小襟止口线

56.5

衣长110

图2-55　深棕色朵花提花纹闪光缎夹旗袍结构测量图（单位：厘米）

深棕色朵花提花纹闪光缎夹旗袍的款式造型与20年代末提倡"曲线化运动"和"天乳运动"❶所强调的服饰性质颇为一致，从造型上都强调突出女性身体曲线之美，腰围、臀围开始出现曲线变化，尤其是腰翘❷比较明显，下摆收敛，袖口的倒大袖特征已不明显，裙子变短，有短开衩（10～16.5厘米），整体上的廓型倾向于修身合体。

民国20年前后，社会相对安定繁荣，服饰开始日趋华靡。政府推行新生活运动，"天乳运动"和"曲线化运动"使得女性们开始接受人体曲线美的观念，中国女性开始追求曲线美的时代由此拉开序幕，旗袍的发展也迎来了繁盛的时代。这一时期，西方的摄影技术在中国得到广泛的运用和发展，有声电影的普及和民国电影事业的繁荣，使得这一时期流传下来大量的图片和影像资料。电影明星成为这一时期的时尚代言人物，她们的一举一动、一衣一扣成为追求时髦女子的模仿对象。不仅电影业得到了比较大的发展，文化出版业也是空前的繁荣，特别是出现了很多以女性读者为对象的出版物，如《玲珑》《女子月刊》《上海妇女》《女朋友》《现代家庭》等，《良友画报》《玲珑》《民国日报》等开始出现了专门创作时装、研究时装流行的画家，他们的作品也被定期刊登在报纸杂志上，当时比较有名的如叶浅予、万籁鸣等。1931年的《玲珑》杂志曾经连载过叶浅予的时装稿，而且落款中还有注明"上海时装研究社"的字样。由此可见，在当时的时装发展背景之下，一些专门的时装研究团体已经开始出现，而这些刊登在以女性读者为主的杂志上的时装设计作品，更是针对当前的流行，想方设法地引导女性的着装。❸对当时流行的快速变化起到了促进的作用，如1930年的时装展览会上还以短为尚，到了1931年就立即转向流行长旗袍了。

20年代末30年代初期，旗袍的下摆和袖口开始收敛变窄，腰围和臀围处开始有了曲线变化，女性旗袍整体廓型开始变成H型。这时的旗袍受西方短裙影响，流行短旗袍，衣长稍过膝盖，袖长随季节而有长短，最短的袖仍在肩下10厘米以上，袖口变窄，腰身仍然较宽松，开衩较小。但在1932～1938年，旗袍长度快速加长，开始流行长旗袍，尤其是1934年前后，旗袍长得能

---

❶ 1926年张竞生出版中国第一部《性史》，由此展开了解放妇女身体、强调曲线的"天乳运动"。

❷ 腰翘：腰臀差，即从腰围线水平向内收的量。下同。

❸ 于振华. 民国旗袍[D]. 上海：东华大学，2009：58-60.

盖住脚面，如果不穿高跟鞋，走起路来就衣边扫地，被称为"扫地旗袍"。为了便于行走，两边开高衩，腰身紧绷贴体，充分显示女性体型的曲线美，并能增添人体修长的美感，把人衬托得亭亭玉立。❶

　　这时期旗袍领子的高度是先高后低，先是流行高领，领子越高越时髦，20世纪30年代中期高到直抵下巴，然后又继续攀高到耳垂，即使在盛夏，薄如蝉翼的旗袍也必须配上高耸及耳的硬领。后来又渐渐流行低领，领子越低越摩登，到20世纪30年代末甚至降为无领。此时旗袍由原先过肘的宽大袖子逐渐变短变窄，从长袖减到中袖，从中袖减到短袖，又从短袖变为无袖。随着旗袍衣身的加长，开衩也越来越高，到1934年前后几乎开到了臀部，走起路来裙摆摇曳，腿部曲线若隐若现。1935年旗袍又流行低衩，但衣身依然很长，直至脚踝，开衩却仅到小腿，穿着这样的旗袍坐着或者站着固然优雅大方，但若行走起来只能放慢脚步。正是由于这种样式的旗袍不便于行走，所以没能流行多久，到1937年抗日战争爆发，女性积极投入抗日救亡运动，为了行走方便，袍身逐年缩短，旗袍的开衩也逐渐升高了。

　　20世纪30年代是旗袍最为兴盛的时期，也是公认旗袍款式最为经典时期：大襟右衽，盘扣结系，高领短袖，下摆长及足背，两侧开衩，领子、门襟、袖口、下摆、开衩等多有或繁或简的绲镶装饰，这也是后来旗袍变化流行的依据。

　　以下是当时所刊载的穿着旗袍的民国女性服饰图像。

　　图2-56是1930年《中华（上海）》第2期所刊载的新家庭之建设：女宾姚君才的两位女公子的照片。

　　图2-57是1930年《时代》第12期所刊载的当时女性参加时装展览的合照。

　　图2-58是1930年《图画时报》第708期所刊载的复旦大学二十五周年纪念活动时季婉宜女士的照片。

　　图2-59是1930年《血汤》第1卷第10期所刊载的夏萍影女士的照片。

　　图2-60是1930年《今代妇女》第22期所刊载的动与静主题之运动员拍球之前的照片。

　　图2-61是1930年《图画时报》第678期所刊载的赵曾玟、姚曼影、沈敬贞的照片。

　　图2-62是1930年《良友》第51期所刊载的秋天的郊外篇之秋季新装的照片。

---

❶ 黄能馥，陈娟娟. 中国服饰史[M]. 上海：上海人民出版社，2014：613-617.

图2-56　1930年《中华（上　　　　图2-57　1930年《时代》第12期　　　　图2-58　季婉宜
　　　　海）》第2期

图2-59　夏萍影　　　图2-60　1930年《今代妇　　　图2-61　1930年《图画时报》　　　图2-62　1930年
　　　　　　　　　　　　女》第22期　　　　　　　　　第678期　　　　　　　《良友》第51期

　　图2-63是1931年《文华》第18期所刊载的女子芳影八幅图片之一。

　　图2-64是1931年《图画时报》第760期所刊载的晏摩氏朱炳慧女士的
照片。

　　图2-65是1931年《图画时报》第751期所刊载的关美媚女士的照片。

　　图2-66是1931年《玲珑》第1卷第30期所刊载的梁佩琴女士的照片。

　　图2-67是1932年《时代》第2卷第10期所刊载的当时流行时装的照片。

　　图2-68是1932年《社会新闻》第1卷第20期所刊载的女星张织云和严月娴
合影照片。

图2-69是1932年《图画时报》第847期所刊载的无锡竞志女校朱诚珍女士的照片。

图2-70是1932年《中华（上海）》第12期所刊载的我国特派专使张铭赴尼泊尔授勋时与其夫人周梅女士合影。

图2-63　1931年《文华》
第18期

图2-64　1931年《图画
时报》第760期

图2-65　1931年《图画
时报》第751期

图2-66　1931年《玲
珑》第1卷第30期

图2-67　1932年《时代》
第2卷第10期

图2-68　1932年《社会新闻》
第1卷第20期

图2-69　1932
年《图画时
报》第847期

图2-70　1932年《中华
（上海）》第12期

图2-71是1932年《时代》第3卷第1期所刊载的新秋时装照片。

图2-72是1932年《女朋友》第1卷第23期所刊载的培成女学朱伟女士的照片。

图2-73是1932年《图画时报》第858期所刊载的郑福兰女士的照片。

图2-74是1933年《图画时报》第935期所刊载的许雄群女士的照片。

图2-75是1933年《图画时报》第948期所刊载的侨光幸联蟾女士的照片。

图2-76是1933年《明星（上海1933）》第1卷第5期所刊载的初秋的新装，亭亭玉立：朱秋痕的照片。

图2-77是1934年《图画时报》第991期所刊载岭南女画家熊佩双女士的照片。

图2-78是1934年《时代》第6卷第4期所刊载政治与社会建设主题女性着装照片。

图2-79是1934年《大众画报》第10期所刊载的姊妹花——厦门名媛林美楣、林美娥小姐的照片。

图2-80是1934年《新生周刊》第1卷第16期所刊载的光辉远东之我国女游泳选手：自左至右为梁涌娴、刘桂珍及杨秀琼（最右为其姐杨秀珍）启程时合影的照片。

图2-81是1934年《图画时报》第983期所刊载顾素芳女士之便服照片。

图2-82是1935年《玲珑》第5卷第20期所刊载香港女星李绮年女士照片。

图2-71　1932年《时代》第3卷第1期　　图2-72　1932年《女朋友》第1卷第23期　　图2-73　1932年《图画时报》第858期　　图2-74　1933年《图画时报》第935期

图2-75　1933年
《图画时报》
第948期

图2-76　1933年
《明星（上海1933）》
第1卷第5期

图2-77　1934年《图
画时报》第991期

图2-78　1934年《时代》
第6卷第4期

图2-79　1934年
《大众画报》
第10期

图2-80　1934年《新生周刊》
第1卷第16期

图2-81　1934
年《图画时
报》第983期

图2-82　1935年《玲珑》
第5卷第20期

　　图2-83是1935年《良友》第107期夏季特大号上刊载夏装新案：旗袍三幅照片之一。

　　图2-84是1936年《图画时报》第1066期所刊载爱国女校谢素珍女士照片。

　　图2-85是1936年《中华（上海）》第44期所刊载电影新闻：王先生的女儿李琳的照片。

图2-86是1936年《中华（上海）》第42期所刊载时装表演：吴丽莲女士之新装旗袍照片。

　　图2-87是1937年《世界猎奇画报》上所刊载的历史上的非常人物：她使爱德华八世放弃了王位：辛浦森夫人照片。

　　图2-88是1937年《特写》第2卷第2期所刊载的沈雁女士着蓝地白花土布旗袍表演的照片。

　　图2-89是1938年《上海画报》第1期所刊载弹词家醉疑仙照片。

　　图2-90是1939年《大美画报》第3卷第5期所刊载的电影五幅照片之一。

图2-83　1935年《良友》　　图2-84　1936年《图画时　　图2-85　1936年　　图2-86　1936年《中华
　　　第107期　　　　　　　　报》第1066期　　《中华（上海）》　　（上海）》第42期
　　　　　　　　　　　　　　　　　　　　　　第44期

图2-87　1937年　　图2-88　1937年《特写》　　图2-89　1938年《上海画　　图2-90　1939年《大美画
《世界猎奇画报》　　　第2卷第2期　　　　报》第1期　　　　报》第3卷第5期

图2-91～图2-94为浅棕色印花绉绸夹旗袍，内衬白色真丝里料。其形制为右衽大襟，高立领，前后无中缝，袖子有找袖，侧开衩，采用挖大襟裁剪法，挖襟量为1.5厘米，小襟细长至开衩口；领口、领围、袖口、大襟止口边、开衩、下摆均为同色面料宽边绲2.5厘米，领座有线绲，同色绲条一字扣，侧襟处9组，大襟定处1组，领口4组，侧襟扣距9～11厘米；衣长123厘米，挂肩宽21厘米，大襟定宽8厘米，胸宽41.5厘米，腰宽40厘米（肩部向下30厘米），臀围宽47.5厘米，下摆宽为46厘米，下摆无起翘，开衩32厘米；通袖长92厘米，袖口宽13厘米，找袖长21.5厘米，宽19.5厘米；领围36.5厘米，后领深1.5厘米，前领深7厘米，后领宽5.5厘米，领高7.5厘米，前领脚起翘1.3厘米。一字扣缝制精细，纽扣长3厘米，宽度仅0.3厘米，缝制针脚细密整齐。

从浅棕色印花绉绸夹旗袍各部位的尺寸数据可以看出，该款已开始有依人体曲线开始修身的倾向，如下摆宽的尺寸开始往里收，已小于臀围的尺寸，这是当时女性开始追求人体自然曲线美的体现。该款的领子高达7.5厘米，属于当时典型的高硬领款式，袖口明显缩小，宽绲边装饰，这些都说明本款旗袍属于20世纪30年代早期的典型款式，面料纹样以西式纹样设计方式的朵花和枝叶为元素，进行转向拼接构成四方连续纹样，纹样元素结构较散。

图2-91　浅棕色印花绉绸夹旗袍实物图
（江南大学民间服饰传习馆藏）

图2-92　浅棕色印花绉绸夹旗袍局部细节

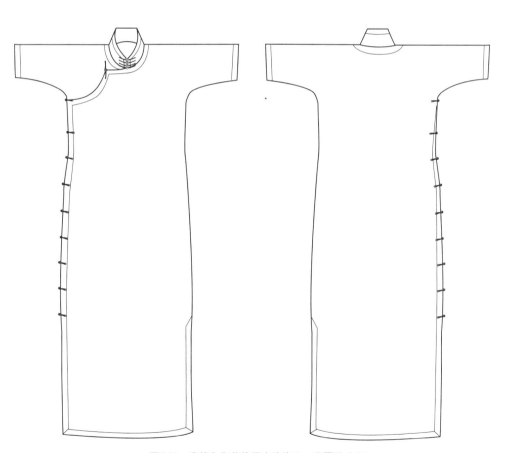

图2-93　浅棕色印花绉绸夹旗袍正、背面款式图

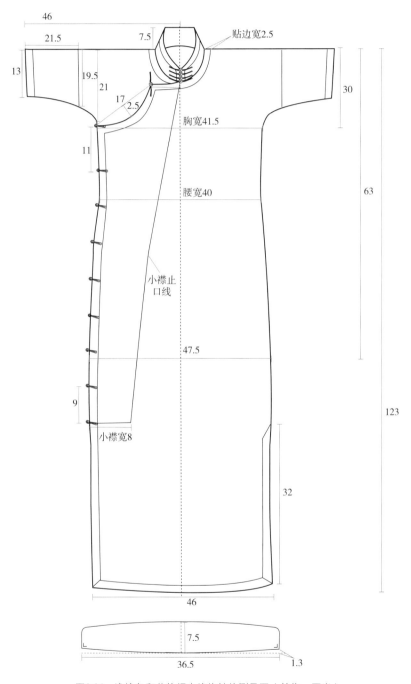

图2-94　浅棕色印花绉绸夹旗袍结构测量图（单位：厘米）

浅棕色印花绉绸夹旗袍的制作工艺采取了机缝工艺和手工缝制相结合的方式，大身和找袖的拼接、侧缝插入式翻包缝等处是机缝工艺，其他部位是手工缝制，针脚细密匀称，大襟、袖口、开衩、下摆有贴边，侧缝用直绲边插入式翻包缝，面料与里料在各处止口的缝制采取了先缝制宽绲条，再将里料扣折好后在距离绲边止口0.15厘米的位置以星点缝缝制。整件旗袍的贴边、绲边止口均有上浆、打水线的痕迹。这件旗袍的领子非常高且硬，应该是采用了树脂衬一类的西式衬料才会有这样硬挺的效果。

图2-95～图2-98为灰地圆形几何纹花线春❶夹旗袍，内衬粉色洋绸和粉色格纹里料，形制为右衽大襟，高立领，前后无中缝，侧开衩，采用挖大襟裁剪法，挖襟量为1.5厘米，小襟细长至开衩口；领口、领围、袖口、大襟止口边、开衩、下摆均为同色面料韭菜叶绲边0.7厘米，领座有线绲，同色绲条单粒蚊香扣，侧襟处11组，大襟定处1组，领口2组；衣长131厘米，挂肩宽21厘米，大襟定宽7厘米，胸宽37厘米，腰宽35厘米（肩部向下30厘米），臀围宽46厘米，下摆宽为47厘米，下摆起翘2厘米，开衩29厘米；通袖长53厘米，袖口宽12.5厘米；领围32.5厘米，后领深1.5厘米，前领宽7厘米，后领宽5.5厘米，领高5厘米，前领脚无起翘。单粒蚊香扣缝制紧实小巧，纽扣长2.5厘米，高度仅0.3厘米，缝制针脚细密整齐。

图2-95　灰地圆形几何纹花线春夹旗袍
（江南大学民间服饰传习馆藏）

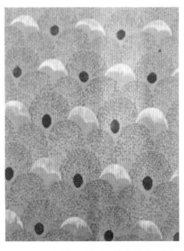

图2-96　灰地圆形几何纹花线春面料

---

❶ 花线春：是指平纹地上提花的纹样组织，也称为平花。

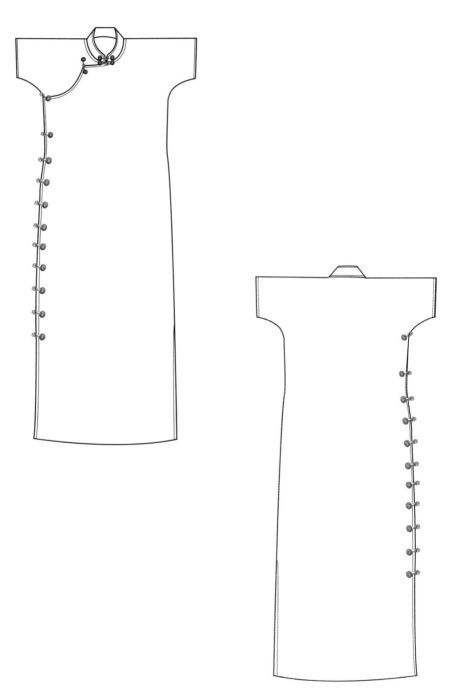

图2-97　灰地圆形几何纹花线春夹旗袍款式图

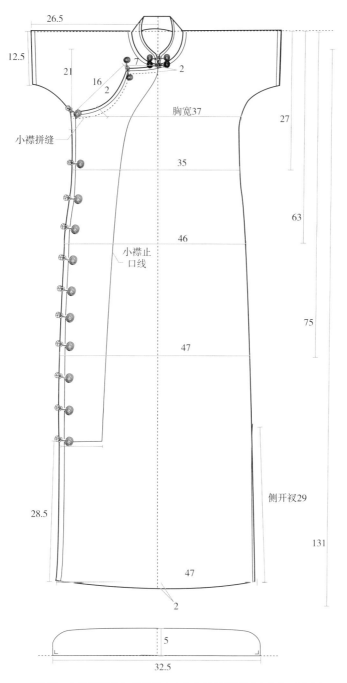

26.5

12.5

21

7

16

2

2

胸宽37

27

小襟拼缝

35

46

63

小襟止
口线

75

47

28.5

侧开衩29

131

47

2

5

32.5

图2-98　灰地圆形几何纹花线春夹旗袍结构测量图（单位：厘米）

灰地圆形几何纹花线春夹旗袍的纹样具有浓烈的日本"和式"风格特征，无论是配色还是图案的构成形态都带有明显的日本纹样艺术形态。

图2-99~图2-101为深褐"8"字纹地小洋花纹提花绸夹旗袍，里料为黄色地印花斜纹细棉布。其形制为右衽大襟，高立领，前后无中缝，袖子细窄有找袖，侧开衩，采用挖大襟裁剪法，挖襟量为3厘米，小襟长至开衩口，小襟下摆有黑色斜纹棉布绲边，小襟有斜向贴袋（10厘米×11厘米）；领口、领围、袖口、大襟止口边、开衩、下摆均有黑色斜纹棉布双绲边各宽1厘米，领座有线绲，同色绲条一字扣，侧襟处10组，大襟定处1组，领口4组，侧襟扣距7~13厘米，纽扣长3.5厘米；衣长121厘米，挂肩宽21厘米，大襟定宽7.5厘米，胸宽40.5厘米，腰宽39.5厘米（肩部向下30厘米），臀围宽47厘米（肩部向下63厘米），下摆宽为48厘米，下摆起翘2厘米，开衩27厘米；通袖长109厘米，袖口宽11.5厘米，找袖长15.5厘米，宽13厘米；领围34厘米，后领深1.5厘米，前领深7厘米，后领宽5.5厘米，领高6.5厘米，前领脚起翘1.5厘米。一字扣缝制精细，纽扣长3厘米，宽度仅0.3厘米，缝制针脚细密整齐。

深褐"8"字纹地小洋花纹提花绸夹旗袍的制作工艺采取了以机缝工艺为主、手工缝制辅助的工艺流程。大身和找袖的拼接，侧缝插入式翻包缝，绲边的缝合，面、里料各处止口的缝合等都是机缝工艺，只有绱领子和纽扣的

图2-99　深褐"8"字纹地小洋花纹提花绸夹旗袍
（江南大学民间服饰传习馆藏）

缝制是手工缝制，显示了制作者已掌握了较好的机缝工艺。绲边的缝份只有0.3厘米，显然是经过上浆处理后才进行缝制的，该件旗袍的领子较高但没有加入硬衬，只是传统的上浆处理。领子后领座中间有"挂耳"（机缝）的出现，但制作者显然对挂耳的功能不是非常了解，把挂耳插缝在领子下口中，这样会导致挂衣服时重力太大而扯断领口缝线，从衣服的领口处看，此挂耳应为装饰性辅件，并没有起到"挂"的功能作用。

深褐"8"字纹地小洋花纹提花绸夹旗袍品相较好，领口稍有磨损，大襟定处的纽条缺少一只，其他整齐完好。

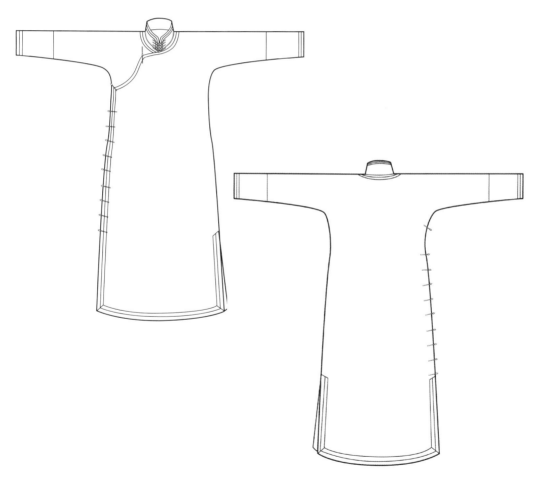

图2-100　深褐"8"字纹地小洋花纹提花绸夹旗袍正、背面款式图

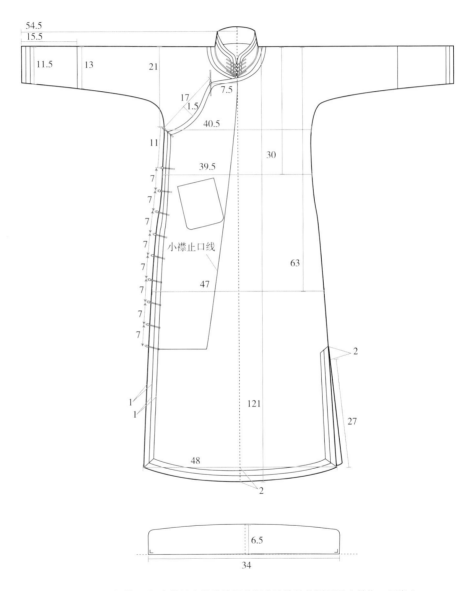

54.5
15.5
11.5   13   21   7.5
17 1.5
40.5
11
39.5   30
小襟止口线
47   63
1
1   121   27
48
2
2

6.5
34

图2-101　深褐“8”字纹地小洋花纹提花绸夹旗袍结构测量图（单位：厘米）

如图2-102中的几款旗袍均为20世纪30年初期的款式，形制均为右衽大襟，高立领，前后无中缝，袖子有找袖，侧开衩较短，采用挖大襟裁剪法，挖襟量都为1.5厘米，都为高立领，领口都有几组纽扣，都有简单的绲镶装饰，面料纹样亦是西洋式的纹样设计。

（a）　　　　　　　　　　　　　　　（b）

（c）　　　　　　　　　　　　　　　（d）

图2-102　20世纪30年代初期的旗袍
（江南大学民间服饰传习馆藏）

图2-103～图2-107深棕色素绉绸夹旗袍，里料为深蓝色真丝里料绸。形制为右衽大襟，高立领，前后无中缝，袖子细窄有找袖，高侧开衩，采用挖大襟裁剪法，挖襟量为1.5厘米，小襟窄长至开衩口，领口、领围、袖口、大襟止口边、开衩、下摆均有黑色斜纹素绉缎韭菜叶绲边和白色素绉缎线嵌条，绲边宽0.5厘米，嵌线0.15厘米，领口有白色嵌线、黑色圆绲条和韭菜叶绲边各一，黑色绲条一字扣，侧襟处七组，大襟定处一组，领口三组；衣长119厘米，挂肩宽18.5厘米，大襟定宽7.5厘米，胸宽38厘米，腰宽36.5厘米（肩部向下30厘米），臀围宽45厘米（肩部向下60厘米），下摆宽为45厘米，下摆起翘1厘米，开衩42厘米；通袖长86厘米，袖口宽13.5厘米，找袖长8.5厘米，宽14厘米；领围34厘米，后领深1.5厘米，前领深7厘米，后领宽5.5厘米，领高6.5厘米，前领脚起翘0.5厘米。一字扣缝制精细，纽扣长3.5厘米，宽度仅0.3厘米，缝制针脚细密整齐。深棕色素绉绸夹旗袍的制作工艺采取了传统的上浆缝工艺，即衣片止口先上浆，再以全手工工艺缝制，该件旗袍的领子较高，有加入硬衬。领子后领座中间有"挂耳"。

图2-103　深棕色素绉绸夹旗袍实物图
（江南大学民间服饰传习馆藏）

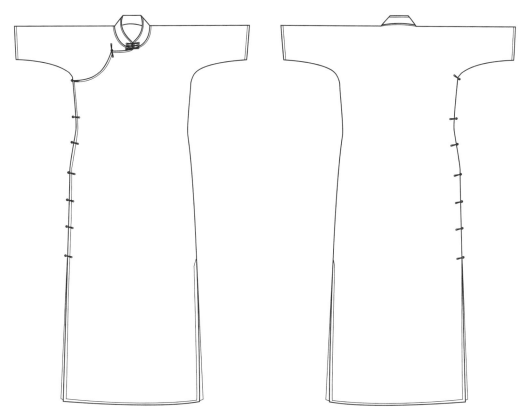

图2-104　深棕色素绸夹旗袍正、背面款式图

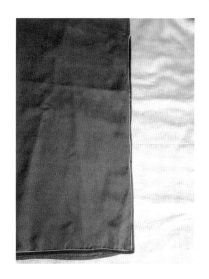

图2-105　深棕色素绸夹旗袍开衩细节

图2-106　深棕色素绸夹旗袍领部细节

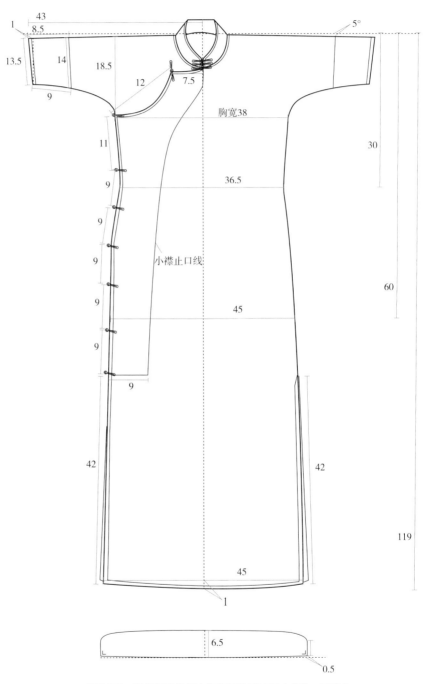

图2-107 深棕色素绉绸夹旗袍结构测量图（单位：厘米）

深棕色素绉绸夹旗袍的开衩长达42厘米，属于高开衩款式。高硬领、窄袖口、略收腰身的直身廓型说明本款旗袍属于20世纪30年代早中期的典型款式，另外一件黑地印花绸夹旗袍与本款款式一样（图2-108）。

图2-109～图2-112为粉白交织地提花小簇花夹绒绸旗袍（1936年左右），里料为薄毛毡外贴附粉色真丝绸。其形制为右衽大襟，圆角立领，后领中有挂耳，前后无中缝，袖子极短，侧开衩，采用挖大襟裁剪法，挖襟量为2厘米，小襟摆宽10厘米，中有横向拼缝；领口、领围、袖口、大襟止口边、开衩、下摆均有砖粉色斜纹素绉缎线香绲边，绲边宽0.4厘米，同色绲条一字扣，侧襟处8组，大襟定处1组，领口2组；衣长123厘米，挂肩宽20厘米，大襟定宽6.5厘米，胸宽42厘米，腰宽39厘米（肩部向下32厘米），臀宽48厘米（肩部向下58厘米），下摆宽为45.5厘米，下摆起翘3厘米，开衩34厘米；通袖长50厘米，袖口宽16厘米；领围34.5厘米，后领深1.5厘米，前领深7厘米，后领宽5.5厘米，领高4.3厘米，前领脚起翘0.5厘米。一字扣缝制精细，纽扣长3厘米，宽度仅0.3厘米，缝制针脚细密整齐。该款旗袍有两层里料，一是

图2-108　黑地印花绸夹旗袍
（江南大学汉族民间传习馆藏）

图2-109　粉白交织地提花小簇花夹绒绸旗袍
（江南大学民间服饰传习馆藏）

真丝绸里料，二是薄毛毡料，二者贴合在一起构成旗袍的里料，下摆以杨树花针缝合，面里料之间为开口形式，整件旗袍以全手工工艺缝制，除下摆面料单独绲边外，大襟止口、袖口、开衩、领口等处的绲条均以全包裹形式将面、里料合缝在一起，所以绲条看上去饱满、紧实。

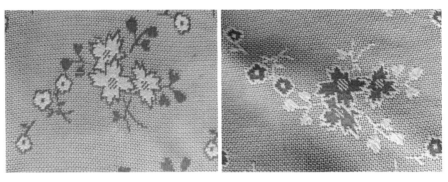

（a）面料正面　　　　　　　　　　　（b）面料反面

图2-110　粉白交织地提花小簇花夹绒绸旗袍面料实物图

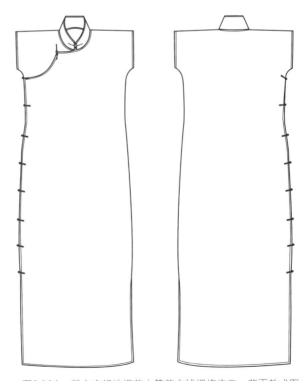

图2-111　粉白交织地提花小簇花夹绒绸旗袍正、背面款式图

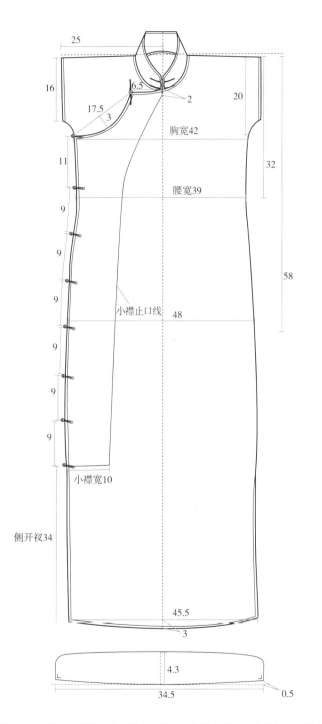

25

16

17.5

6.5

2

3

20

胸宽42

11

32

腰宽39

9

9

9

58

小襟止口线   48

9

9

9

小襟宽10

侧开衩34

45.5

3

4.3

34.5   0.5

图2-112　粉白交织地提花小簇花夹绒绸旗袍结构测量图（单位：厘米）

粉白交织地提花小簇花夹绒绸旗袍的袖子非常短，仅挂肩下3厘米，不足3.3厘米，腰身有明显收进且腰身的位置下移向实际腰线靠近，但臀围线的高度反倒上移，在肩线下58厘米处，下摆宽也明显收进，这些数据的变化似乎预示着强调女性曲线美时代的到来。

图2-113～图2-114为黑地印花绸无袖夹旗袍，其形制为右衽大襟，圆角立领，后领中有上海鸿翔公司❶的商标，前后无中缝，无袖，高侧开衩，采用挖大襟裁剪法，挖襟量为2厘米，款式上采取了西式连衣裙套头式，即右边不开裾，小襟仅限于上开口的斜襟部位，小襟为纬向面料。斜襟和侧襟处用质量上好的"555☆"牌掀扣，仅腋下侧襟处就用7组暗扣，领口和大襟定处有两粒盘花扣，腋下一组单粒盘香扣，花扣绲条无任何缝制针脚痕迹，采用了新式的粘合法工艺，内衬有细铜丝以保证花扣花型的稳定性。该旗袍为无袖款式，硬质圆角矮立领，高开衩，典型的20世纪30年代中后期旗袍款式。

黑地印花绸无袖夹旗袍衣长131厘米，挂肩长19厘米，大襟定宽6厘米，胸宽36厘米，腰宽35.5厘米（肩部向下32厘米处），臀宽42厘米（肩部向下57厘米处），下摆宽为40厘米，下摆起翘2.5厘米，开衩35.5厘米；通袖长18.5厘米，袖口宽16厘米；领围31厘米，后领深1.5厘米，前领深6厘米，后领宽5厘米，领高4厘米，前领脚有起翘1.5厘米。

图2-113　黑地印花绸无袖夹旗袍实物图
（江南大学民间服饰传习馆馆藏）

❶ 上海鸿翔公司以制作西式服装闻名，20世纪30年代中后期开始增加旗袍项目，并追求在缝制上以传统手工操作为主，但是在本件旗袍中却没有发现西式服装中的挂耳，这个现象也可以理解为鸿翔公司制作旗袍时更愿意按照传统的技法工艺。

黑地印花绸无袖夹旗袍的纹样具有典型的"杜飞纹样"❶的特点，自然随意，自由而灵动，以百合花纹样作为单位纹样元素，进行满地构图，配色清新，大气时尚。

20世纪30年代中后期西式的裁剪和制作工艺开始逐渐引入旗袍的制作中，平袖大襟的"一片式"裁剪方式，经过不断改良，由30年代中后期的有肩袖缝的"两片式"裁剪法过渡到40年代中期的"装袖式两片式"裁剪法，重要的是40年代中期的旗袍还引进了两种西式配件：垫肩与拉链。

20世纪40年代的中国，抗日战争与解放战争并存，故这一时期受战争的影响，经济萧条，物资匮乏，物价飞涨，丝缕昂贵。据20世纪40年代初报载，衣料涨价百分之百。故而服饰装扮上力行节俭，倡导"旧衣运动""只要求适体和经济，万一要做新的，就采用纯粹的土布"。此时普遍兴起的国货运动，使旗袍

图2-114　黑地印花绸无袖夹旗袍实物细节图

在面料的使用上也颇具特色，厂家竞相生产人造丝和人造羊毛以代替丝与羊毛，与舶来品相抗衡。这一时期时兴用国产毛蓝布（又称"爱国布"）做旗袍，穿起来十分素雅文静，素色和条格棉布的旗袍主要在知识女性中流行，上层社会的礼服则多用华贵艳丽的面料，包括一些镂空和透明的化纤或丝织品。面料在纹样上更多地倾向于欧洲风格，如条格织物和几何纹织物的应用。出于经济和便于活动等实用的目的，20世纪40年代的旗袍不再像20世纪30年代盛夏的那样花边扫地，长度陡然缩短到小腿中部，也有的短到

❶ 杜飞纹样：老尔·杜飞（Laoul Dufy，1877—1953），作品色彩艳丽，装饰性强，其设计的纹样有简练的笔触，肆意挥洒的色块，流畅飘逸的勾勒。其所设计的写意花卉纹样，成为近代织物纹样设计的主要风格之一。

膝盖处。在工艺上也趋向简单，极少装饰甚至没有，西式简便的制作工艺渐多。总之，20世纪40年代的旗袍变化总的趋势是衣身、领子、袖子的长度减短；服装更为合体，体现女性三围曲线的变化；搭配方式多样化，穿着的范围更加广泛，学生校服、工人制服、日常便服与正式礼服，都可采用旗袍这一形制。

这一时期具体服装款式见如下旗袍图像，图像来源于1940~1949年所刊载的穿着旗袍的民国女性服饰图像。

图2-115是1940年《银色》第2期所刊载李太白的孙女李红小姐近影。

图2-116是1941年《半月戏剧》第3卷第8期所刊载美艳坤伶梁小鸾照片。

图2-117是1941年《良友》第168期所刊载的比京学歌记：音乐院同学同穿中国旗袍的合照。

图2-118是1943年《半月戏剧》所刊载的女性手帕交合影。

图2-119是1944年《永安月刊》第59期封面图片。

图2-120是1944年《永安月刊》第64期封面图片。

图2-121是1945年《半月戏剧》第5卷第9期所刊载的昆曲专页中的照片。

图2-122是1946年《七日谈》第30期所刊载的过戏隐·北平李丽将下海（附照片）。

图2-123是1947年《新上海》第90期所刊载的华香琳努力从军梦，好学不倦。

图2-124是1948年《电影小说》第1期所刊载的悬崖勒马（附照片）。

图2-115　1940年《银色》第2期

图2-116　1941年《半月戏剧》第3卷第8期

图2-117　1941年《良友》第168期

图2-118　1943年《半月戏剧》　　图2-119　1944年《永安月刊》　　图2-120　1944年《永安月刊》
　　　　　　　　　　　　　　　　　　　　　　第59期　　　　　　　　　　　　　　　　第64期

图2-121　1945年《半月　　图2-122　1946年　　图2-123　1947　　图2-124　1948年《电影小说》
　戏剧》第5卷第9期　　　　《七日谈》第30期　　年《新上海》第　　　　　　　第1期
　　　　　　　　　　　　　　　　　　　　　　90期

图2-125～图2-126为蓝地印花单旗袍，形制为右衽大襟，圆角立领，前后无中缝，短袖，侧开衩，采用挖大襟裁剪法，款式上采取右边不开裾套头式，小襟仅限于上开口的斜襟部位。斜襟和侧襟处用"555☆"牌揿钮，腋下侧襟处三组暗扣，领口处有领钩一组，大襟定处有暗扣一组。该旗袍为短袖款式，袖口长度正好是面料幅宽长度，硬质圆角矮立领，开衩较短，领子、袖口、下摆、开衩等处有线香绲。其制作工艺为机缝工艺和手工工艺相结合，

图2-125　蓝地印花单旗袍实物图
（江南大学民间服饰传习馆藏）

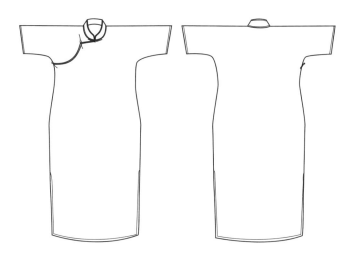

图2-126　蓝地印花单旗袍正、背面款式图

侧缝处采取了西式的来去缝针法，小襟部位利用光边零布拼接作为止口，接缝简单地用搭接缝针法缝合在一起，反面缝份毛边不作处理，小襟下边止口也是毛边未处理，斜襟止口缝份直接扣折后再绲边，但没有将毛缝处理干净。总之，该款旗袍的工艺情况与当时的社会状况较为吻合。

　　蓝地印花单旗袍衣长106厘米，挂肩长19厘米，大襟定宽6厘米，胸宽44厘米，腰宽41.5厘米（肩部向下32厘米处），臀宽52厘米（肩部向下52厘米处），下摆宽为39.5厘米，下摆起翘1厘米，开衩20厘米；通袖长80厘米，袖口宽16厘米；领围长34.5厘米，后领深1.5厘米，前领深6厘米，后领宽5厘米，领高3.5厘米，前领脚有起翘0.5厘米，斜襟长18.5厘米，下摆起翘4.5厘米。

　　蓝地印花单旗袍的面料纹样设计是极富动感的螺旋曲线构成的巴洛克风格纹样，其以线形优美流畅，色彩丰艳，充满动感而著称。

　　图2-127～图2-130为蓝色阴丹士林棉布单旗袍，形制为右衽大襟，圆角立领，前后无中缝，长袖，侧开衩，采用挖大襟裁剪法，款式上采取右边不开裾套头式，小襟止口在侧襟止口处。侧襟处用"555☆"牌揿钮，腋下侧襟处3组暗扣，领口处有1组，除领口处有线香绲，其他部位没有任何装饰。该旗袍为圆角矮立领，开衩较短，胸围、腰围、臀围的曲线明显，尤其是腰翘非常明显，这也是20世纪40年代旗袍款式上的一个典型特征。

图2-127　蓝色阴丹士林棉布单旗袍实物图
（江南大学民间服饰传习馆藏）

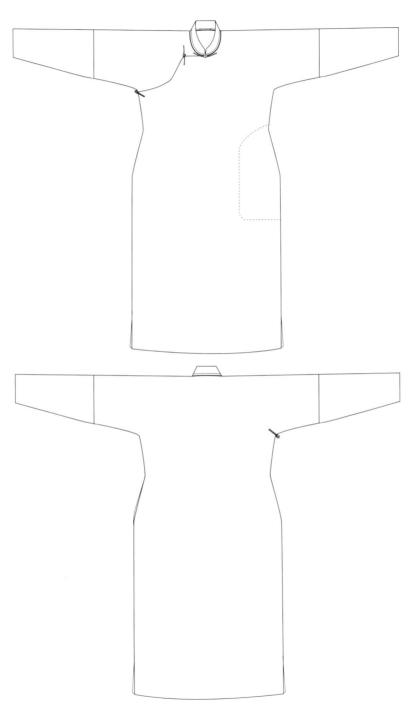

图2-128　蓝色阴丹士林棉布单旗袍正、背面款式图

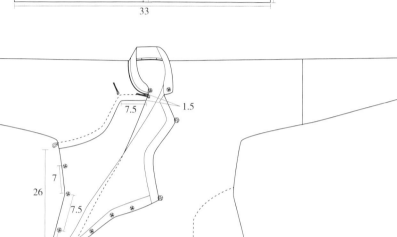

图2-129 蓝色阴丹士林棉布单旗袍小襟结构、领子测量图（单位：厘米）

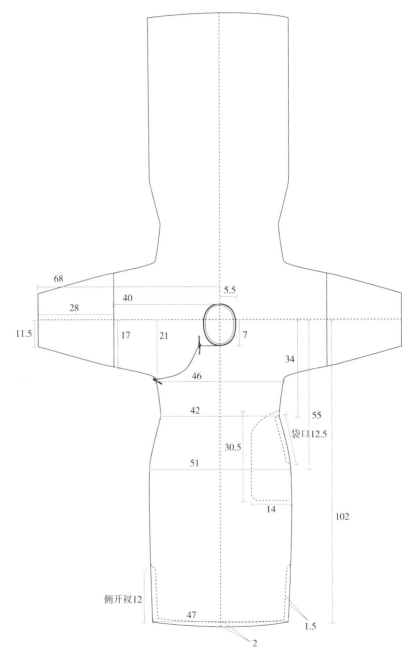

图2-130　蓝色阴丹士林棉布单旗袍结构测量图（单位：厘米）

该件旗袍为全手工缝制，侧缝处以回针来去缝缝制，小襟部位利用光边零布拼接作为止口，小襟接缝处以内包缝缝制，斜襟和侧襟处有贴边以暗缲针缝制，针脚细致。在该款旗袍的左侧侧缝处有一插入式内贴袋，这种口袋的制作工艺手法源于西式服装的制作工艺，首先在男袍中运用，女性旗袍中使用非常少。该款旗袍全部手工制作完成，针脚细密整齐，可以看出制作者不因面料是普通的棉布而降低缝制质量的要求。

蓝色阴丹士林棉布单旗袍衣长102厘米，挂肩长21厘米，找袖长28厘米，大襟定宽7.5厘米，胸宽46厘米，腰宽42厘米（肩部向下34厘米），臀宽51厘米（肩部向下55厘米），下摆宽为47厘米，下摆起翘2厘米，开衩12厘米；通袖长136厘米，袖口宽11.5厘米；领围33厘米，后领深1.5厘米，前领深7厘米，后领宽11厘米，领高3.5厘米，前领脚有起翘1.5厘米，斜襟长19厘米，斜襟弧径3.5厘米。

从该旗袍的尺寸上可以看出衣长明显变短了，开衩也短至10～16.5厘米，领子也变矮了。朴素的面料、简单的款式，这些都与20世纪40年代初服饰装扮上力行节俭相呼应。江南大学民间服饰传习馆就藏有旧衣改造的旗袍，如图2-131所示。

蓝色阴丹士林棉布单旗袍所用的阴丹士林面料❶是民国时期非常流行的一种面料，以质优价廉而受消费者欢迎。

图2-131　旧衣改造的短旗袍
（江南大学民间服饰传习馆藏）

---

❶ 阴丹士林：还原染料，德文Indanthren的译音，1928年由上海仁丰染织厂开始生产使用，颜色单纯、鲜嫩、素雅，色牢度好，价格便宜，其所染色的面料包括各色丝光细布和府绸，是当时学生、一般职员以及平民阶层旗袍面料的首选。

图2-132为江南大学民间服饰传习馆收藏的两件阴丹士林染色的旗袍，图2-133是当时阴丹士林染色的面料广告。

图2-134～图2-136为黑地红白格纹绸夹旗袍，形制为右衽大襟，采取右边不开裾的套头式。前后无中缝，有找袖，袖口窄小，袖口有装有暗扣的开衩，圆角硬衬立领，侧开衩较短；侧襟处用CSM"A"牌拉链❶，斜襟和领口用"555☆"牌揿钮，领口有领钩。由于使用了拉链，所以在结构上有了变化，小襟缩小至斜襟处，胸围、腰围、臀围的曲线明显，腰翘非常明显，整体廓型已呈现出"X"造型。

黑地红白格纹绸夹旗袍采用上浆全手工缝制，但很多工艺方法借鉴了西式服装的制作工艺。侧缝处以插入式翻包封工艺用回针针法缝制；侧缝拉链处，将拉链止口插入面料和里料之间亦以回针缝制；袖口开衩处采用了西式的添加里襟法并缝制暗扣进行闭合处理；领子的缝制工艺则完全采取了西式方法，即将领子插入领口的面料和里料之间再暗针缲缝，这种工艺是现代服装绱领子的常用方法。

（a）　　　　　　　　　　　（b）

图2-132　阴丹士林染色的呢料面料旗袍

---

❶ 拉链发明于20世纪早期，开始应用于军工产品，20世纪30年代中期，服装设计师伊萨·斯卡帕瑞里（Elsa Schiaparelli）首度大量采用拉链于1935年春季服装展——"垂满拉链"。此后，成衣业才渐渐采用拉链。中国拉链生产是在1930年由日本传到上海的。当时，在上海城内侯家路、王和兴办起了中国第一家拉链厂，后来，吴祥鑫又开办了一家拉链厂，1933年创办上海三星（即华光）拉链厂。

图2-133 阴丹士林色布系列广告

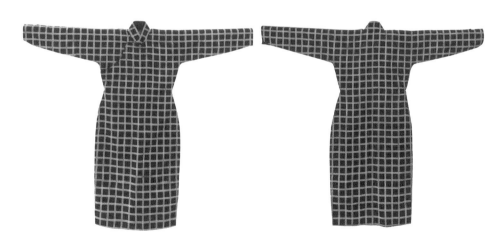

图2-134 黑地红白格纹绸夹旗袍
（江南大学民间服饰传习馆藏）

臻美袍服

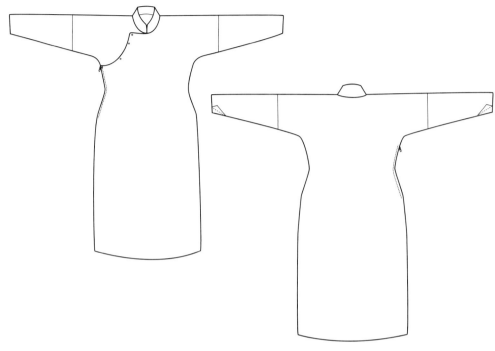

图2-135　黑地红白格纹绸夹旗袍正、背面款式图

　　黑地红白格纹绸夹旗袍的面料是横竖垂直的格纹面料，这为我们查看早期旗袍归拔工艺提供了非常好的依据：在本款旗袍的胸部、前下摆处有明显的归拔痕迹，尤其是下摆处从面料的纬向格纹长度看只有0.5厘米的起翘量，但从连接两侧摆点的直线看，起翘量有1.5厘米，这说明多出的1厘米是通过归拔得出的，其作用是将前摆侧转向后身方向，从而达到前后片侧缝并拢成筒状的效果。侧缝处要达到这样的效果，不仅要熨烫归拔，在缝制时还要注意手势的控制，要将开衩部位的面料向上、向内提拉，这两者结合才能处理好旗袍下摆的造型。

　　黑地红白格纹绸夹旗袍衣长106厘米，挂肩长23厘米，通袖长130厘米，找袖长29.5厘米，袖口宽9.5厘米，袖衩长7厘米；斜襟长21厘米，弧径3厘米，大襟定宽7.5厘米，胸宽43.5厘米，腰宽38厘米（肩部向下34厘米），臀宽48厘米（肩部向下56厘米），下摆宽为44厘米，下摆起翘1.5厘米，开衩12.5厘米；领围34厘米，领高5.5厘米，前领脚有起翘1.5厘米。

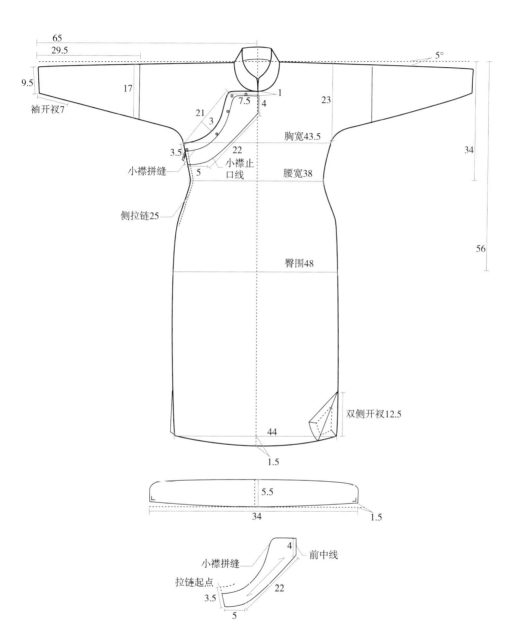

图2-136 黑地红白格纹绸夹旗袍结构测量图（单位：厘米）

图2-137~图2-141为米黄地横条抽象纹样织锦单旗袍及其款式图。此旗袍形制为右衽大襟，采取右边不开裾的套头式。该旗袍款式有肩缝，圆角硬衬立领，侧开衩较短；侧襟处铜齿拉链，斜襟和领口用"555☆"牌揿钮，领口有领钩。同样由于使用了拉链，所以小襟缩小至斜襟处，胸围、腰围、臀围的曲线明显，呈明显的"S"型造型。旗袍的款式结构已有明显的西式结构，肩部的处理尤为明显：已有肩线，且肩斜明显，肩线把衣片分为后片、大襟和小襟三部分，从结构上完全打破了中式一片式裁剪法，这也是西式结构元素在中式旗袍上应用的发端。从该旗袍的成衣效果看，制作者对西式结构在旗袍上的运用还较为生涩，如小襟和大襟条纹的对齐上，制作者显然是习惯性从拔大襟的工艺手法上进行处理，所以造成小襟和斜襟处的条纹错位，其实有肩缝后，小襟衣片是单独成片的，只要加放小襟衣片与大襟的重叠量即可。

米黄地横条抽象纹样织锦单旗袍衣长103厘米，小肩长25厘米，挂肩长19.5厘米，通袖长60厘米，袖口宽16.5厘米；斜襟长19厘米，弧径长2厘米，

（a）

（b）

图2-138　旗袍肩部工艺细节

图2-137　米黄地横条抽象纹样织锦单旗袍
（江南大学民间服饰传习馆藏）

大襟定宽8.5厘米，胸宽42厘米，腰宽38厘米（肩部向下32厘米处），臀宽49.5厘米（肩部向下57厘米处），下摆宽为42.5厘米，下摆起翘2.5厘米，开衩21厘米；领围34厘米，领高4.5厘米，前领脚无起翘。

　　米黄地横条抽象纹样织锦单旗袍采用机缝和手工缝制相结合，侧缝处来去缝工艺"来"时用机缝，"去"时则是手工的回针缝制，肩部前后肩线的缝合则是机缝；拉链的缝制工艺比较简单，直接将拉链贴缝在止口处以星点缝缝合。在肩部和装拉链处的反面均可见毛边，为防止毛边的脱散，特意将毛边部位剪成锯齿状，拉链止口上亦打了剪口以适应侧缝位置的曲线形态；领子的缝制工艺则采取了西式绱领方法用手工缝制而成。

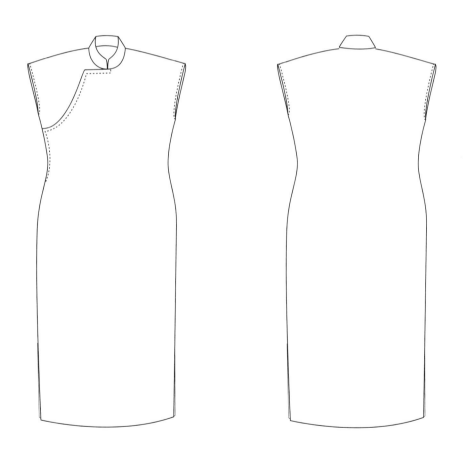

图2-139　米黄地横条抽象纹样织锦单旗袍正、背面款式图

臻美袍服

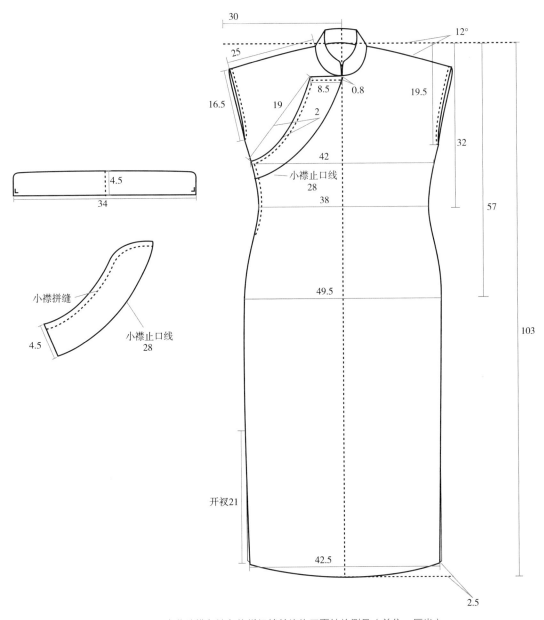

30

12°

25

16.5

19

8.5   0.8

19.5

2

42

小襟止口线
28

38

32

57

小襟拼缝

4.5

34

小襟止口线
28

4.5

49.5

103

开衩21

42.5

2.5

图2-140　米黄地横条抽象纹样织锦单旗袍正面结构测量（单位：厘米）

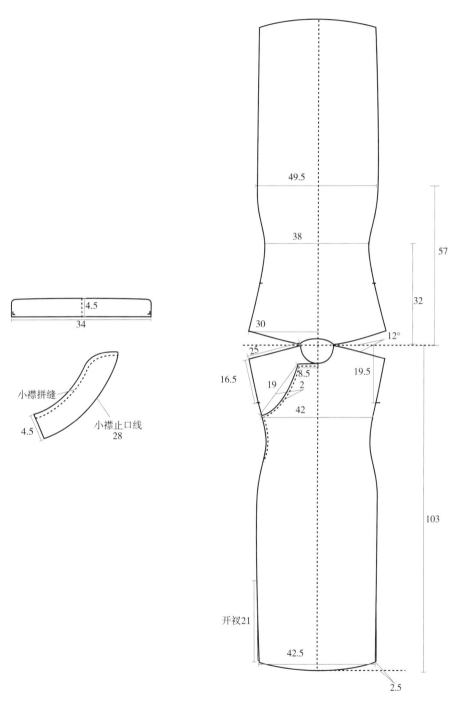

49.5

38

57

32

30

12°

25

19.5

16.5

8.5

19

2

42

4.5

34

小襟拼缝

小襟止口线
28

4.5

开衩21

103

42.5

2.5

图2-141　米黄地横条抽象纹样织锦单旗袍款式平面测量（单位：厘米）

图2-142~图2-146为米白色素皱单旗袍，形制上看还是右衽大襟的形式，但结构上有了比较多的西式元素：如采取右边不开裾的套头式，有肩缝，前后袖片、腋下省、前后腰省等，侧缝线的处理上收腰非常明显，腰臀差明显，下摆内收，整体廓型呈较为夸张的"双S"造型，胸部、臀部归拔痕迹明显，总之，对体型曲线的强调非常明显。高圆角硬衬立领，高侧开衩，侧襟处绱铜齿拉链，斜襟和领口用"555☆"牌揿钮，领口有领钩。

图2-142 米白色素绉单旗袍

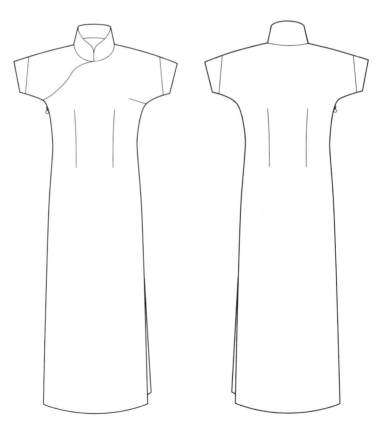

图2-143 米白色素绉单旗袍正、背面款式图

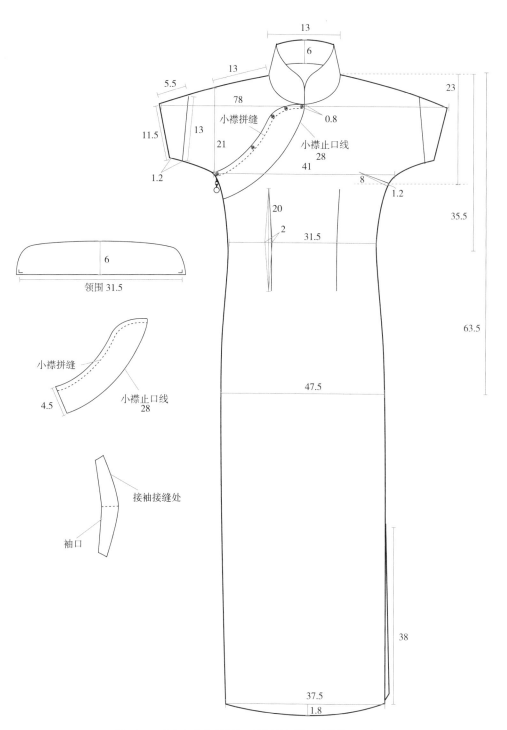

図2-144 米白色素绉单旗袍正面结构测量图（单位：厘米）

13

6

13

23

5.5

78

小襟拼缝

0.8

11.5

13

小襟止口线
28

21

41

8

1.2

1.2

35.5

6

20

领围31.5

2

31.5

63.5

小襟拼缝

小襟止口线
28

4.5

47.5

接袖接缝处

袖口

38

37.5

1.8

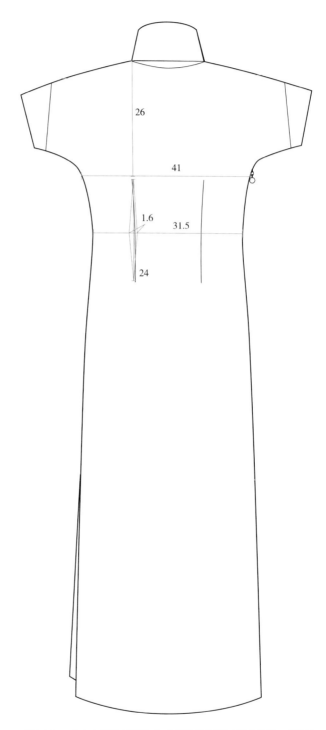

26

41

1.6

31.5

24

图2-145　米白色素绉单旗袍款式背面结构测量图（单位：厘米）

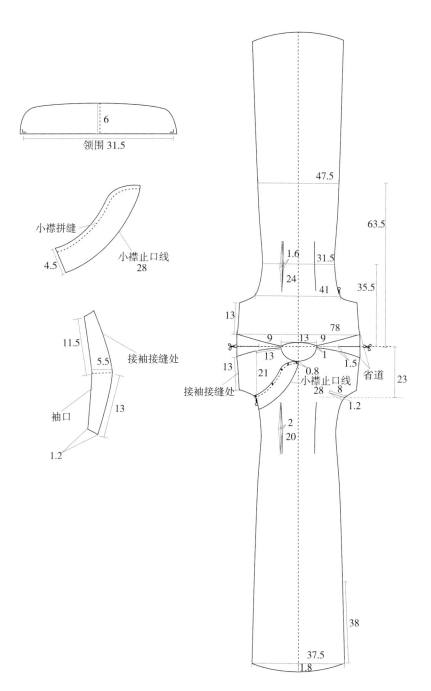

领围 31.5

6

小襟拼缝

小襟止口线
28

4.5

11.5

5.5

接袖接缝处

袖口

13

1.2

47.5

63.5

1.6

24

31.5

41

35.5

13

78

9   13   9

13   1   1.5

13

21   0.8

接袖接缝处   小襟止口线   省道

28   8

1.2

23

2
20

38

37.5

1.8

图2-146 米白色素绉单旗袍平面测量图（单位：厘米）

　　该款旗袍的肩线处理具有明显的中式平面向西式立体过渡的特征，如图2-139所示。该肩线是采取类似于省道处理的形式，从领口向袖口捏缝，尺寸从领口的1.5厘米逐渐加大到3厘米的宽度，为保证肩部缝份的平整度，在距离侧颈点9厘米的位置，剪开并开缝熨烫平整，毛边用环针缭缝。类似这样的结构处理在20世纪30年代中后期至40年代时期旗袍结构向西式结构过渡的过程中较多，这也是传统平面结构向西式立体结构过渡中由表象向本质深入的必然经历。

　　近代汉族民间袍服由宽到窄的造型变化主要体现在服装的袖部以及袍服的整体廓型。清代袍服造型平直、宽大，全身包裹不露型体，重装饰轻结构的特点符合中国传统服饰的平面十字形结构，这样的造型传承了中国道家的天人合一和儒家的中庸之道。宽大的直线形，人体在服饰之下轻松自由，给人和物极大的空间，使人的气韵完整被保留，这与中国审美中的"气韵产生美"完全一致。这也是清代旗袍一直保持形制基本不变的原因所在。

　　1911年辛亥革命后清王朝被推翻，民国的建立带来良好的政治思想、社会环境和文化观念，再加上西式文化的传入，此时期的袍服就是在这样一个华洋杂处的环境中发展流行开来。受西式服饰的影响，袍服在造型上从宽大掩体变得趋于合身称体，较清代袍服的袍形更为平直、下长盖脚，以窄袖为多，绲边不如从前宽阔，装饰也大为减少，更加符合现代女性穿着，比较简洁实用。

　　"五四运动"后，妇女封闭的思想被打开，开始穿着与男士袍服类似的长袍。20世纪20年代末开始出现马甲旗袍和倒大袖旗袍，它们是民国旗袍的雏形。这两种旗袍保留清末旗袍的宽大，呈"A"型，前后中线开缝，属于平面裁剪，具体款式为立领、右衽大襟、盘扣、绲边。到了20世纪30～40年代，旗袍的结构因受到西方服饰的影响而趋于西化，开始打破平面平直的结构，采用了腰省和胸省，及特殊的归拔处理工艺，还出现了肩缝和装袖，侧缝线变成弧线，衣身廓型呈明显的"S"型，审美上以遮蔽型体为美直接变成以凸显身材曲线为美，这也是改良旗袍最大的变革，为达到这样的审美变化，西式服装制作工艺方法归拔和收省道被大量运用到旗袍的制作中。表2-3是民国旗袍造型结构的演变。

表2-3　民国旗袍造型结构的演变

年代	造型演变	结构演变
20世纪10～20年代初		
20世纪20年代中期		
20世纪20年代末		

臻美袍服

年代	造型演变	结构演变
20世纪30年代		后 前
20世纪40年代		后 小襟 前

第三章

近代汉族民间袍服的结构工艺

第一节　传统汉族民间袍服的结构特征

　　图3-1为1913年《妇女时报》第10号《裁缝讲义》所示的中式大襟衣图示。具体到衣身各处又都有自己的称谓：左半件在上方，称为"大肩"，右半件压在大襟之下称为"小肩"。大肩的位置记为"天"，小肩的位置记为"地"，大襟的位置记为"人"。天为阳，地为阴，而人在天地之间，以天覆地，事生；以地覆天，事死。因此自古便有以右衽大襟衣为人生时日常穿着，以左衽大襟衣为丧祭寿衣之习俗。《礼记·丧大记》云："小敛大敛，祭服不倒，皆在左衽，结纽不绞。"在看似二元的平面范畴中，传统中装塑造的是天、地、人所确立的空间以及时间的四维关联。

甲乙为身长
甲丙为粗手
丁巳为裙肩
丙戊为袖口
乙戊为下摆
辛癸为起角
辛巳为开衩
天为大肩即为左半件
地为小肩即为右半件
人为大襟

图3-1　中式大襟衣图示

　　民国初期的旗袍，其形的设计脱胎于中国古代右衽大襟领式袍衫，衣身的设计隐含着古人对天地人关系的看法，右衽与左衽的设计中暗示着时间的线索。从设计到量身、裁剪都延续了传统的制衣规制，即采用我国传统的"十"字型整一性平面连裁的结构，前后身以肩袖线为水平方向对称轴，左右身以前后中心线为垂直方向对称轴，前后左右连裁的整衣型结构。再以熨斗熨平布料，去除皱褶，理顺丝缕，塑造出来的服装不修饰曲线，不雕塑三围，以"平""整"为美，外观平直、整齐，也更便于折叠收纳，以貌似平淡的"平""整"之形，传递出传统文化的审美意识。这种裁剪方法保留了面料的完整性，节省了面料，而且大大减少了裁剪和拼缝环节[1]，这是

---

❶ 刘瑞璞，魏佳儒. 中国古典华服结构的格物致知命题[J]. 服饰导刊，2015，4（3）：17-20.

中国传统旗袍最大的结构特征。自20世纪20年代中期，这种结构特征便开始出现在倒大袖旗袍中，之后20世纪20～30年代早期的旗袍都采用此结构，20世纪30年代中后期西式的裁剪和制作工艺开始逐渐被引入旗袍的制作中，由20世纪30年代中后期的有肩袖缝的"两片式"裁剪法过渡到20世纪40年代中期的"装袖式两片式"裁剪法。至此西式前后分片的裁剪法正式出现在旗袍结构设计中，与前后连裁整衣型剪裁法并行成为旗袍结构的两大结构形态。

"前后连裁整衣型"平面结构对中国旗袍有着深远的意义。其一，民国时期旗袍一直以各种丝织物为主要材质，在整衣型结构的裁剪方式下，保证了织物纹样的完整性；其二，在整衣型裁剪方式下，裁完衣身后，腋下剩的余料可以作为暗襟、接袖、领子等零部件的用料。将中国传统观念中"物尽其用"和"惜物如金"的思想发挥得淋漓尽致；其三，这种结构使得旗袍只有袖下和侧缝线需要裁剪，工艺的重点都集中在绲边、盘扣和各种手缝工艺的灵活运用上。体现了传统工艺重缝纫轻裁剪的思想，传承和发扬了传统装饰技艺；其四，这种"前后连裁整衣型"平面结构体现了"全面不分"的概念，充分表达了儒家思想对和谐、自然和浑然一体着装状态的追求。总之，旗袍的"前后连裁整衣型"平面结构是中国传统文化和传统技艺的综合体现。

第二节　传统汉族民间袍服的制作工艺特色

一、熨烫工艺特色

在传统旗袍的制作过程中，熨烫工艺存在两种形式：一种是制作流程之中的归拔工艺，另一种是制作完成或洗涤晾干后的整烫定型。制作流程之中的归拔工艺尤为重要，对旗袍的造型起着直接的作用。所谓"归烫"，就是熨烫前用喷壶润湿面料，一手握住熨斗，一手把衣片上需归拔的部位向一侧缓慢推进，通过高温改变纤维之间的咬合度，使衣片归拔部位的边长变短，以达到收缩面料的效果。这种工艺手法常用于归直臀部侧缝线和处理腋下，去除旗袍平面结构向立体造型转化时的余量。所谓"拔烫",就是把衣片所需拔开的部位向外侧拉开,在减小织物密度的同时,增加了面料的使用面积。衣片拔烫部位的纤维增长,适应了曲线变化大的人体部位,如腰部侧缝线。还有"拔胸碗"的工艺,通过拔的工艺增加面料的面积来完成平面向立体的转化,是一个"加法"的过程。与西方利用省道和分割线去除余量来塑造人体的"减法"手段完全不同,中国传统的熨烫工艺是建立在独特的结构特征和造型需求之上的[1]。

"拔"工艺的巧妙运用,使得整个衣身可以放在一个布幅之内,从而最大限度节省面料。"缩"工艺包括两个方面:(1)熨烫归缩;(2)牵条容缩:是指在服装的制作过程中,当牵条粘贴到下凹曲线时,将牵条稍微拉紧使双襟容缩1厘米,容缩后的效果比较贴体。

史丽萍女士,师承北京老字号"双顺"便服店王禄师傅,她做的旗袍腰部不做省道也能体现收腰身的立体效果,她所采用的方法便是归拔工艺。如图3-2所示,以旗袍后身腰部裁剪处理的方法为例:在操作台面上预先铺设较厚的衬垫和白坯布,便于用珠针固定面料。把选定的面料置于操作台上,沿长度方向对折,对折线就是旗袍的垂直中心线,接着画出胸、腰、臀的水平线。注意:绘制的腰线向上抬高了约3厘米,一来提高腰线使人体比例更完美,显得腿长,有仰视的效果,二来提高腰线可满足腹部所需的空间量,活动方便,穿着舒服。从腰线的中心线一边横向腰侧"推""赶"面料,行话是"归""拔",边推赶边用熨斗平整面料并定型。由于真丝面料有很好的可塑

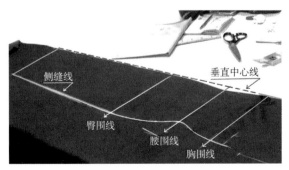

图3-2 裁剪示意图

---

❶ 俞跃. 民国时期传统旗袍造型结构研究[D]. 北京:北京服装学院,2014:64.

性，这时中心线在腰线处发生了内凹的曲线变化，弧度的大小根据穿着对象身体的侧面外观来确定，一般后身比前身内凹弧度大。当曲线变得优雅、顺畅，趋于较完美的曲线感觉时，用珠针固定住。这样中心线不经裁剪就有了符合人体的曲线。再结合实际尺寸画出侧面优雅的、形似花瓶的侧缝曲线，使旗袍穿着后收身效果更好、更合体。这样裁剪的曲线适合人体，但并不是紧紧包裹人体，而是有一定的放松量，是经过设计的手工的曲线，起到了修正、塑造、美化人体的作用。❶

二、其他工艺特色

传统袍服工艺繁复细致且富有特色，除裁剪、归拔、收省等特色工艺之外，贴边、绲边、镶边、嵌条、荡条、盘扣等工艺也环环相配，使袍服整体上更加精致美观。

清时北京等地曾盛行"十八镶"的做法，即以层层镶十八道衣边为美。有一种女式旗袍称为"大挽袖"，其款式如图3-3所示，把花纹绣在袖里，"挽"出来更显得美观。清刘鹗《老残游记》第二回："帘子里面出来一个姑娘，约有十六七岁，长长鸭蛋脸儿，梳了一个髻，戴了一副银耳环，穿了一件蓝布外褂儿，一条蓝布裤子，都是黑布镶滚的，此种旗袍在民国初年尚能见到，后来便逐渐消失了。"❷镶、绲、嵌工艺在第五章的缘饰有详细论述，此处不再赘述。

"贴"工艺主要包括三个方面：（1）"贴"牵条：是指用45°斜丝布条将衣襟、衣领、袖窿等容易拉伸变形的部位包住，以达到美观牢度强的效果；（2）"贴"贴边：是指用回针和暗缲针将45°斜丝布条包贴于衣襟、侧边以及衩边等处，使服装内部平伏、光洁，以达到美观牢度强的目的；（3）"贴"花边：是指用暗缲针缝制将布条或花边等辅料贴于衣襟上，以实现装饰效果。

"宕"❸即是将一种与旗袍面料不同的装饰面料缝在旗袍领口、袖口、腰身、底部等部位的条状装饰。

盘扣，又称"盘纽"。其制作工艺及款式造型是旗袍制作的又一经典部

---

❶ 贺阳. 钗光鬓影 似水流年——北京服装学院民族服饰博物馆藏30~40年代民国旗袍的现代特征[J]. 艺术设计研究，2014（3）：33-34.

❷ [清]刘鹗. 老残游记[M]. 北京：人民文学出版社，1957：11.

❸ 宕：又称"荡"条或"挡"条，各地说法稍有不同。

图3-3 明黄色绸绣牡丹平金团寿单氅衣实物图
（故宫博物院藏品）

分，是我国传统服装的标志之一。盘扣缝制于旗袍的领口、衣襟、开衩等部位，既实用又美观，造型繁多。其中动物造型的有丹凤朝阳扣、双燕闹春扣、蝶恋花扣等，植物造型的有梅花扣、菊花扣等，还有中国结造型的吉祥结扣、如意结扣等。除一些布扣以外还有金、银、铜、翡翠、琉璃、碧玺扣等。

盘扣的制作工艺讲究，制作时需要用的工具有剪刀、手缝针、镊子、线、直尺。在制作盘扣之前首先要在面料背面上浆，而且面料刮浆后不能在阳光下照射，要待阴干后沿45°斜丝裁剪成2厘米宽的斜条，待准备工作完成后将2厘米宽的斜条长的两边向里折成四层用手工缝牢，即完成了纽条的制作，如果面料较薄则可以折6~8层，或者在斜条里面加入几根纱线使纽条饱满，如果面料比较厚实就不需要加入纱线了，为了方便造型还可以在纽条内加入软铜丝，具体操作步骤如图3-4（a）所示。纽条完成后开始制作纽头，将右扣带圈的左面部分穿入左扣带圈（注意右扣带圈的右面部分不要穿入），带黑点的位置就是扣坨的中心位置；扣带条的右端穿入右扣带圈在左扣带圈内的部分；将扣带条的左右两端分别绕一圈然后穿入中心圈，最后再将绕好的扣坨抽紧、盘缩、调整，直到扣坨外形饱满圆润结实，具体操作步骤如图3-4（b），坨最后造型如图3-4（c）所示，若是一字扣款式，则是在第一步时将纽条的长度留长，剩余重复上述步骤即可。

　　以琵琶扣为例，在完成了扣坨的制作后在两边分别留好足够长度的纽条，一般为25厘米左右，另一条可以稍短3～4厘米，用长的那一头按照数字8的形绕3～4回，最后将长的一头拉入反面用手缝针固定，如图3-5所示。

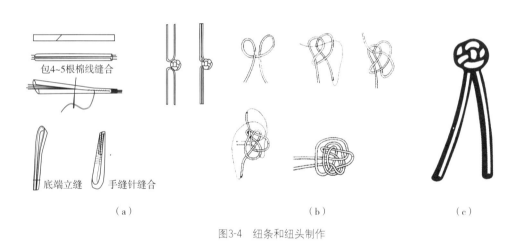

　　　（a）　　　　　　　　　　　　（b）　　　　　　　　　（c）

图3-4　纽条和纽头制作

图3-5　琵琶扣制作步骤图示

随着社会的发展，旗袍制作过程中的各种手针工艺逐渐被机缝所代替，但是在某些特定部位仍需手针工艺操作，如套结针用于需要特别加固的位置，如开衩处；三角针用于固定袖口、底摆、大襟等止口处的贴边，这种针法既牢固又不显露于旗袍的表面，一直被广泛应用；又如缲针，几乎每一件旗袍的绲边和贴边都有缲针的使用，另外，可拆卸的领子也是用这种针法手缝于衣身上的；打线丁存在于旗袍的缝制过程中，起到复合对位的作用，在开大襟时用于核对大襟曲线，在20世纪40年代出现的有省道的旗袍中用于省位的核对；纳针用于缝合多层面料或夹料，在秋冬旗袍实物中较常见，其针距大线迹小，不显露于外，不像纳鞋底时那样大而密；锁边针由于其牢固性和美观性，多用于旗袍领钩、扣襻和暗扣的缝合上[1]（表3-1）。

总之，相对于以往的传统服装来说，如今旗袍在手缝工艺上已经简化了很多，但是对"手工"的质量要求一直没有减弱，这些"手针"工艺既具有灵活方便的特点，还能达到外观上看不出一点针头的效果，这是近代民间服饰制作中的一项基本功，是缝纫机所不能取代的。

表3-1　旗袍中"手针"的应用

名称	部位	图例
平缝、拱针、勾针	贴边	
平缝、拱针、勾针	口袋	

---

❶ 俞跃. 民国时期传统旗袍造型结构研究. [D]北京：北京服装学院，2014：71.

名称	部位	图例
套结针	开衩止口	
三角针	底摆	
缲针	夹料的固定	
杨树花针	袖口	
星点缝	侧缝	
缝三铲一	面里料	

打水线是中国传统工艺手法之一。所谓打水线，就是将棉线含在口中，以口水浸湿，然后按照图3-6所示的方法，将其弹印于刮完浆糊的面料或者里料位置。水线在材质上用到了浆糊和口水，这二者随处可得，充分体现了《管子》一书曾提到的"因天才，就地利"的原则，这也正是传统工艺得以产生的人文环境。打水线的工艺方法有以下几个优点。其一，浆糊的成分是淀粉和水，不像现代材料那样含有大量的化学成分，影响人体健康。其二，浆糊遇口水软化，极易扣折熨烫，方便定型；其三，传统旗袍在造型上讲求简洁，注重线条的流畅性。经过上浆处理的面料在缝合之后能达到"平"和"挺"的效果，正迎合了传统旗袍的审美特征。所以，这种传统的工艺手法一直被延续下来，多用于旗袍的绲条和衣身的领口、袖口、开衩、底摆等需要扣折熨烫的地方。❶

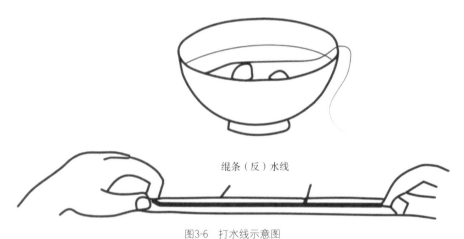

绲条（反）水线

图3-6　打水线示意图

❶ 俞跃. 民国时期传统旗袍造型结构研究[D]. 北京：北京服装学院，2014：52.

第三节　近代汉族民间袍服的结构与工艺复原

一、蓝底团花男袍的结构测绘与复原（表3-2）

表3-2　馆藏蓝底团花男袍款式特征及外观图

实物图	款式图	部位	款式特征
		衣襟形式	斜襟
		系结方式	一字扣
		系结件数	6粒
		有无里料	有
		工艺手法	缲针、包缝等
		缝制方式	手工
		实物来源	江南大学民间服饰传习馆

（一）蓝底团花男袍及其里襟结构测量

该男袍通袖长162厘米，前中长124厘米，衣长141厘米，挂肩长28厘米，胸宽59厘米，下摆宽83厘米，下摆起翘8厘米，开衩51厘米；小襟前中长117厘米，斜襟直线长24厘米，挖襟2.8厘米；小襟摆宽34厘米；袖口直径24厘米，弧直径1厘米，找袖长24厘米，宽24厘米；领围39.5厘米，后领深1.5厘米，前领深9厘米，领宽6.5~7厘米，前后领高4.5厘米；口袋部位沿肩部向下50.5厘米处，小襟中部量取宽13.5厘米，长15厘米，侧边长12厘米的口袋，口袋底部边角斜边长为4.5厘米，如图3-7、图3-8所示。

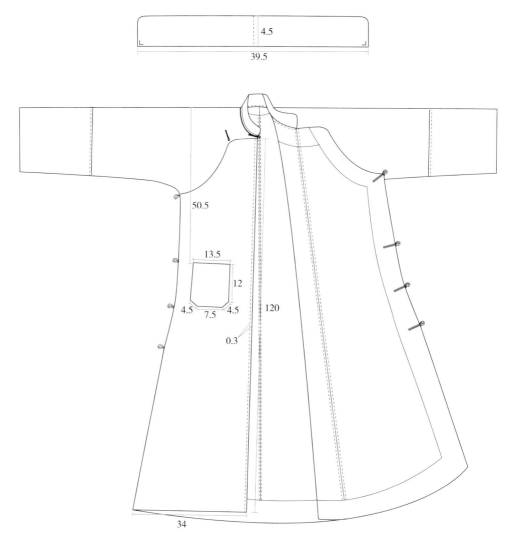

图3-7　蓝底团花男袍里襟测量图（单位：厘米）

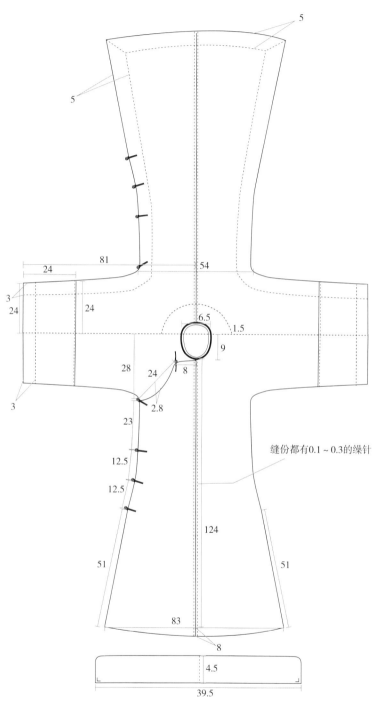

图3-8　蓝底团花男袍结构测量图（单位：厘米）

（二）蓝底团花男袍及其里襟的裁剪工艺复原

在获得蓝底团花男袍结构数据之后，再根据对服装实物的分析，可以复原其里襟和衣身的裁剪方法，大致分为以下几个步骤：

（1）前后中破缝，用回针缝合，缝份卷边暗缲针（正面呈星点针）；（2）衣片、大襟与小襟、接袖、口袋、后领与衣身等部位拼缝处纹样均要求对花，保证纹样完整；（3）大襟、开衩、贴边处采用回针缝合，暗缲针缝合止口，针脚细密整齐；（4）侧缝至袖缝处用直条绲边插入式包缝缝合，绲边止口采用暗缲针；（5）纽条细实紧致；（6）内绲边多处采用接缝拼合，以节约用料。

二、倒大袖旗袍的结构测量与复原（表3-3）

表3-3　倒大袖旗袍款式特征及外观图

款式图	展开图	部位	款式特征
		衣襟形式	斜襟
		系结方式	花扣
		系结件数	6粒
		有无里料	有
		工艺手法	绲边等
		缝制方式	手工
		实物来源	江南大学民间服饰传习馆

（一）倒大袖旗袍及其里襟结构测量

图3-9为紫色博古纹提花缎夹旗袍，形制为右衽大襟，高立领，袖子略呈倒大袖形状，前后无中缝，袖子有找袖，找袖处拼缝纹样完整；左侧无开衩，采用挖大襟裁剪法，挖襟量较少，约为1厘米，小襟有拼缝，小襟细长直至下摆，中有拼接；领口、领围、袖口、大襟止口边、开衩、下摆均为黑色线香绲，两回纵向盘香扣，侧襟处4组，大襟定处1组，领口2组，其中大襟定和下领口处为纽条，扣缺失；侧襟下摆处有两组"555☆"牌揿钮，大襟定

和领口之间有1组；大襟和底边、袖口均有贴边；衣长为115厘米，挂肩宽21厘米，大襟定宽7厘米，胸宽为41厘米，下摆宽为57厘米，下摆起翘1.5厘米，通袖长106厘米，袖口宽21厘米；找袖长14厘米，宽20厘米；领围34厘米，领高5.5厘米，前领脚无起翘，属典型的中式古典立领结构形态；紫色博古纹提花缎面料光泽明亮柔和，显示了绸料较好的质地，里料为紫灰色细棉布料，袍身有绗缝。整体廓型为倒大袖的下摆略开的A型，属于20世纪20年代早中期的典型款式。其款式结构如图3-10~图3-12所示。

（a）领部细节图

（b）正面

（c）背面

图3-9　紫色博古纹提花缎夹旗袍正背面实物图和领部细节图
（江南大学民间服饰传习馆藏品）

臻美袍服

图3-10 紫色博古纹提花缎夹旗袍正、背面款式图

通袖线和水平线有5°的夹角

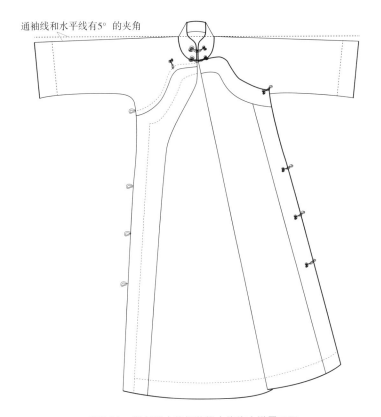

图3-11 紫色博古纹提花缎夹旗袍小襟展开图

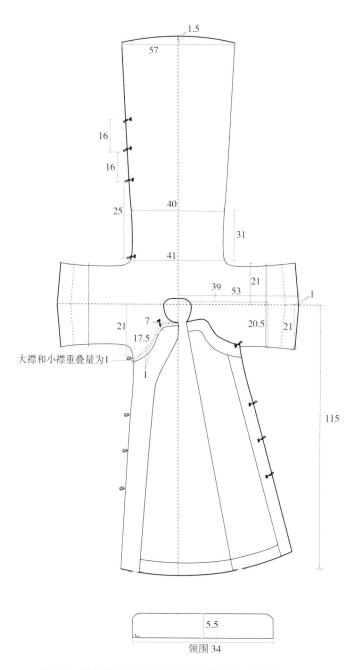

1.5

57

16

16

25

40

31

41

39 53 21

21

7

17.5

大襟和小襟重叠量为1

1

20.5 21

1

115

5.5

领围 34

图3-12　紫色博古纹提花缎夹旗袍结构测量图（单位：厘米）

（二）倒大袖旗袍及其里襟的缝制工艺复原

在获得旗袍结构数据之后，再根据对服装实物的分析，可以复原其里襟和衣身的缝制方法，大致分为以下几个步骤：

（1）采用大襟裁剪法；（2）小襟面料以卷包缝形式缝合，小襟面料、里料止口采用暗针缲缝；（3）刮浆法裁剪里料，并在大襟的斜襟、下摆、侧缝0.5厘米处粘合面里料；（4）采用插入式翻包缝法，将前片、小襟侧缝于后片侧缝中；（5）大襟、袖口、底摆处先正面回针再反面暗缲针，进行绲条缝制；（6）做领子；（7）制花扣。

三、黑色梅花纹蕾丝无袖单旗袍的结构测量与复原（表3-4）

表3-4　黑色梅花纹蕾丝无袖单旗袍款式特征及外观图

款式图	展开图	部位	款式特征
		衣襟形式	斜襟
		系结方式	一字扣
		系结件数	3粒
		有无里料	有
		工艺手法	绲边、搭接缝、咬合缝等
		缝制方式	手工
		实物来源	江南大学民间服饰传习馆

展开图标注：领围31　5　4　19.5　1.5　6　32　31　16　29.5　52　119　35.5　26　26　39.5　2

（一）黑色梅花纹蕾丝无袖单旗袍及其里襟结构测量

图3-13～图3-15为黑色梅花纹蕾丝无袖单旗袍，其形制为右衽大襟，圆角立领，后领中有挂耳，前后无中缝，无袖，侧开衩，采用挖大襟裁剪法，挖襟量为2厘米，款式上采取了西式连衣裙套头式，即右边不开裾，故小襟仅限于上开口的斜襟部位，且小襟极为细窄，仅为宽度2.5厘米的绲边，从前领口一直延伸至侧缝止口下5厘米处，严格来讲，这并不是传统意义上的小襟，更像是西式服装中的门襟、里襟的概念，这点也符合蕾丝面料通透的特点，尽量减少小襟的面积，减少对服装外观的影响。且在侧缝的缝制上也是采取了不同于传统旗袍侧缝的工艺处理手法，直接采用同色绲边进行包边处理，这样可使缝份处理得干净、隐蔽，不影响外观。该件旗袍极为瘦长，可以看出穿者的体型非常瘦薄。袖长非常小，仅挂肩下2.5厘米，这也是20世纪30年代后期流行短袖或无袖旗袍的写照。

黑色梅花纹蕾丝无袖单旗袍的斜襟和侧襟开口处用"555☆"牌揿钮，领口、大襟定、腋下共有3组一字扣；旗袍衣长119厘米，挂肩宽18厘米，大襟定宽6厘米，胸宽32厘米，腰宽29.5厘米（肩部向下30厘米），臀宽35.5厘米（肩部向下52厘米），下摆宽为39.5厘米，下摆起翘2厘米，开衩26厘米；通袖长39厘米，袖口宽15厘米；领围31厘米，后领深1.5厘米，前领深6厘米，后领宽5厘米，领高4厘米，前领脚无起翘。一字扣缝制精细，纽条长3厘米，宽度仅0.3厘米，背面有衬布，缝制针脚细密整齐。

蕾丝织物在20世纪早期传入我国，在20世纪20年代后期的旗袍织物中，蕾丝面料的运用逐渐增多，也迎合了旗袍织物的"轻、薄、透"的时尚特点，深受女性的欢迎，蕾丝面料多为进口的舶来品，纹样上多为意象或抽象的花卉纹样，纹样疏密有致地形成半透明的质感，一般内穿衬裙。

图3-13　黑色梅花纹蕾丝无袖单旗袍
（江南大学民间服饰传习馆藏）

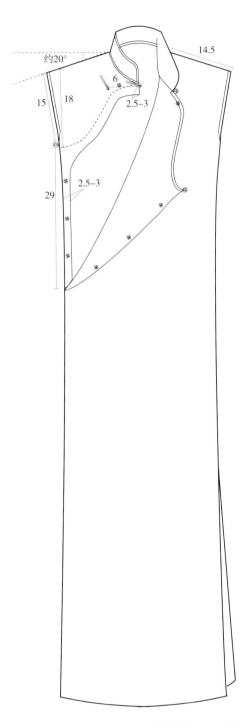

约20°
14.5
6
2.5–3
15
18
2.5–3
29

图3-14　黑色梅花纹蕾丝无袖单旗袍里襟结构测量图（单位：厘米）

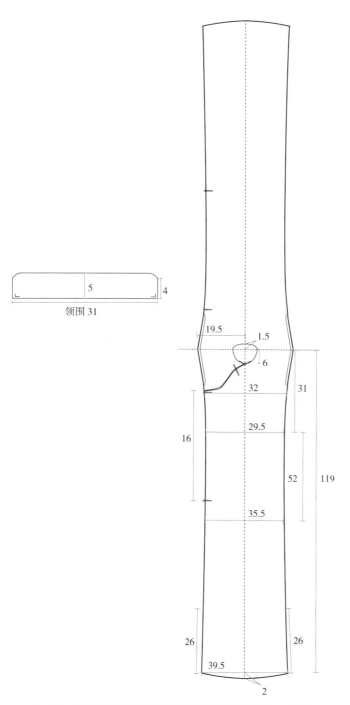

领围 31

图3-15 黑色梅花纹蕾丝无袖单旗袍结构测量图（单位：厘米）

（二）黑色梅花纹蕾丝无袖单旗袍及其里襟的缝制工艺复原

在获得旗袍结构数据之后，再根据对服装实物的分析，可以复原其里襟和衣身的缝制方法，大致分为以下几个步骤：

（1）侧开衩处有归拔，用绲边缝合；（2）斜襟对折后，与小襟片缝合，采用搭接缝和咬合缝；（3）侧里襟直条对折后与侧缝缝合在一起，用绲边包缝；（4）领口、开衩、下摆、袖口、领围、斜襟处均用绲边包缝；（5）斜襟直条对折，净样约2.5厘米，在曲折处折褶以保持平顺。

四、双襟旗袍的结构测绘与复原（表3-5）

表3-5　馆藏双襟旗袍款式特征及外观图

实物图	款式图	部位	款式特征
		衣襟形式	双襟
		系结方式	暗扣、拉链
		系结件数	6粒暗扣
		有无里料	有
		工艺手法	绲边
		缝制方式	全手工缝制
		实物来源	江南大学民间服饰传习馆

江南大学民间服饰传习馆藏的双襟旗袍在造型上由"平面"到"立体"，具体表现在腰身处，由传统的直线变为曲线；在裁剪技术上由传统的中式平面直线裁剪到西式立体收腰裁剪。馆藏双襟旗袍的款式特点：立领、长袖、双襟、收腰、侧开衩，款式简洁，形式感强，十字裁剪，在双襟处贴有花边，全手工缝制。

（一）双襟旗袍及其里襟结构测量

双襟结构测量：通袖长140厘米，衣长106厘米，挂肩长23厘米，胸宽47厘米，下摆宽45厘米，弧线水平深度为2.5厘米，左右侧开衩13.5厘米；大襟定宽7.5厘米，斜襟直线长23厘米，挖襟量2.5厘米，叠襟量3厘米；袖口长

10厘米，接袖长36.5厘米，宽18.5厘米；领围34厘米，领深3.5厘米，前领起翘1.5厘米；前腰省为腰线上沿侧缝线向前中心线9厘米处取13厘米长，2厘米宽的省道，腋下省为胸宽线沿两边侧缝线分别向下取3厘米、6厘米，省道长6厘米；斜襟开口处用6粒"555☆"牌揿钮，侧襟开口处用27厘米拉链，如图3-16所示。

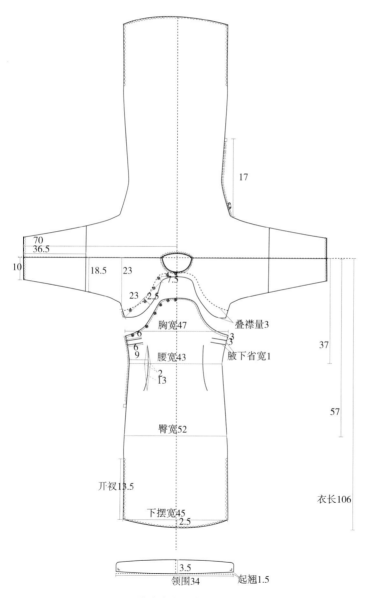

图3-16　双襟旗袍结构测量图（单位：厘米）

（二）双襟旗袍及其里襟的裁剪工艺复原

在获得双襟旗袍结构数据之后，再根据对服装实物的分析，可以复原其双襟和里襟的裁剪方法，大致分为以下几个步骤：

（1）将面料沿其宽度对折，量出后衣长加下摆折边宽度4厘米再折一次，将后衣片置于上层，前衣片比后衣片稍长；（2）在衣片上标出开襟处的尺寸和位置，用直线和弧线将B、C、D进行连接，同样用直线和弧线将B、F、E进行连接；（3）沿着双襟轮廓线外放1厘米处进行裁剪；（4）裁里襟，从领窝点B沿着弧线BCD，右侧缝线到拉链尾部下方3.5厘米处；裁剪里襟时先将里襟面料的正面与底襟开襟处面料正面相对，然后将它们粘合，再将里襟面料与底襟缝合；（5）裁剪绲条、贴边、扣子料，绲条的宽度为1.5厘米，贴边宽度为2厘米；裁剪扣子料，扣子料的丝缕方向为正45°的斜丝。通过以上步骤，可以得到双襟和里襟的裁片，如图3-17所示。

通过对汉族传统服装制作技艺非物质文化遗产传承人的调研，并对其示

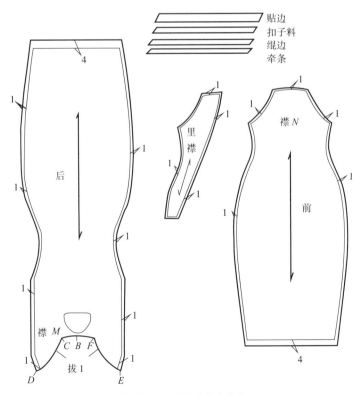

图3-17　双襟旗袍部分裁片

范、裁剪、缝制等工艺流程，逐一进行记录、归纳和总结。

双襟旗袍缝制工艺复原步骤如下：

（1）双襟处贴牵条，牵条压住双襟线0.2厘米左右处进行烫贴，在弧线处需要打剪口。（2）补底襟，在衣身领口处打剪口，用熨斗或手将剪口拉开，将上层的双襟线对其里层的肩线，向下折叠铺平。用熨斗熨烫归拔，使双襟线与里襟线有1厘米的重叠量。（3）做里襟，先用浆糊在里襟边缘的反面刮浆，折进去0.3厘米，再用熨斗烫平。（4）缝合右侧小襟，用回针手法沿着双襟的弧线在衣身正面进行缝合。（5）衣襟处绲边，在左襟和右襟的背面缝份处刮浆，晾干后用熨斗烫平；再将绲条上浆，晾干后与衣身处依齐，上浆后从前中心点起开始粘合，边粘合边烫平固定；按照0.5厘米缝份用回形针对其进行缝合；前领中心处的绲条翻转后，边缘折0.5厘米的折缝，用暗缲针将绲边尾部缝合。（6）装贴边，将大襟弧线和侧缝线处的正面分别与贴边的正面相对。用回形针缝对其进行缝制，针距在0.5厘米左右。将贴边朝反面翻转，折光毛边，用线固定。贴边缩进0.2厘米。贴边外侧折光边，再用线丁进行固定。（7）缝合固定左襟，将双襟与里襟的位置对齐，用暗缲针将双襟的左襟与衣身缝合固定。（8）装揿纽，用划粉画出揿纽的装钉位置。将揿纽的凹揿纽缝制在里襟外部，将凸揿纽缝钉在双襟的右襟内部。（9）将衣身反面与里料反面相对用回针进行缝合；缝合下摆，对于下摆的处理方法有两种：一种是里料不与下摆缝合，衣身与里料下摆分别需要翻边，用暗缲针或三角针进行缝合，这种缝制方式被民间艺人称之为"空的"；另一种是里料与衣身不需翻边，只需用暗缲针将其缝合。（10）绱领子，绱领子首先要将领片上浆糊，然后粘在纱布上，再根据所制作领子的轮廓线将制作好的纱布裁剪好，上浆的纱布作用类似于现在常见的黏合衬；用选好的绲条在双襟旗袍的领圈处进行镶绲，宽度在0.3～0.5厘米；然后再将领窝正面和没有扣光的领面领脚线相对好，缝合，在缝份上打剪口。领里扣光领脚线，将领子翻正然后压住双襟旗袍的里子，再用暗缲针将其固定在袍的衣身上。（11）钉扣子，在一字扣反面粘上浆糊，缲针固定；缝揿纽，用划粉画出揿纽的装钉位置。将揿纽的凹揿纽缝制在里襟外部，将凸揿纽缝钉在双襟的右襟内部。一字扣的缝制过程为先制作绲条，之后将绲条对折，底端立缝，固定好后将扣头向底端翻折，并将底端毛边包入绲条中，最后用手缝针缝合，缝合时大约空出纽头直径长的位置，用于扣纽头，如图3-18所示。

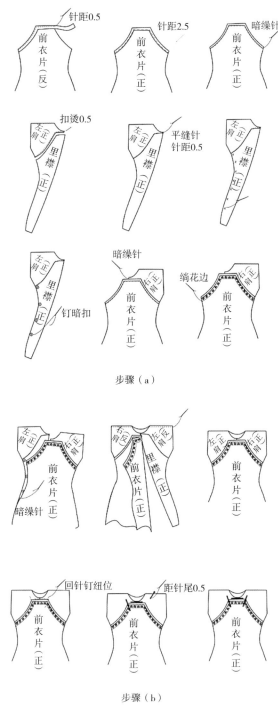

步骤（a）

步骤（b）

图3-18 双襟缝制工艺步骤图

第四节　近代汉族民间袍服的结构与工艺

一、汉族袍服的结构工艺

（一）袍服十字剪裁结构工艺

中国传统汉族服饰是平面直线剪裁，即以通袖线（水平）和前后中心线（竖直）为轴线的"十"字型平面结构。这种结构经历了五千年漫长历史直到清末民初都没有发生过根本改变。汉族袍服总的来说有两种基本结构：上下分裁结构和整体通裁结构。

汉族宽大的服装从裁剪的结构工艺来看可以概括为三个时期：先秦到西晋的礼服袍有着严格的礼仪制度，尊崇黄帝垂衣裳而治天下的理念，上下分裁且分片较多，受礼制影响较大；五胡十六国至唐贞观年间受游牧文明冲击，礼制崩坏，礼服袍一度流行上下通裁；唐贞观至清从袍下加襕开始逐渐恢复礼制，将礼服袍上下分裁，明清两朝尤为明显。

1.上下分裁结构工艺

袍服上下分裁是汉族袍服最初的结构形态，而且没有随着上下通裁的出现、流行而消失。从先秦到清代上下分裁的袍服一直是礼服袍的重要表现形式之一，上衣下裳分裁再合缝在一起，在唐朝之后其礼仪的象征意义则更大于其他意义。从结构工艺来讲，各个时期虽然都有上下分裁之袍但是又各自有其时代特征。先秦时期上下分裁从结构工艺分主要有两种：一种是上衣下裳均为先正裁再缝合。另一种是上衣斜裁下裳正裁再缝合。而且部分上衣正裁袍服受面料幅宽有限等因素的影响，有"小腰"❶的特殊结构；西汉时期曲裾袍的裁剪也有其独特之处，受其结构款式等因素的影响其为上下分裁，上衣正裁下裳斜裁；东汉直裾袍的出现使其正式成为礼服，上衣下裳均是以分裁、正裁再缝合为主；五胡十六国到隋朝时期上下分裁再缝合的礼服袍逐渐

---

❶ 小腰：民国之前把胸围叫作上腰，正常的腰围位置叫小腰。

退出了历史舞台的中央；唐贞观年间襕袍的出现是恢复礼制的一个重大信号，其上下分裁再缝合是和其他朝代以腰线为主有所区别的，襕袍分裁缝合是以膝盖处为分割线的；宋代出土袍服上下分裁实例较少；元代袍服有上下分裁再缝合，特点是腰有襞积❶，但是结合元朝政治经济文化背景分析，此分裁应和中原农耕民族的传统礼制无关；明代有多种上下分裁式结构的袍服，且具有下裳有褶裥的特点。清代袍服中的朝服袍以上下分裁再缝合为特定的结构，其下裳部分有大面积褶裥，缝合处以膝盖为主，同时也有在腰线附近缝合的实例。

　　2.整体通裁结构工艺

　　深衣式的袍服从整个社会的着装进程来看，是在西晋之后才慢慢被上下通裁式的袍服所取代。这种结构的袍服在北朝和隋唐宋元时期都很多见，并且一直延续到民国时期。由于没有了上衣与下裳的拼接，"十"字型平面结构变得更加简约、规整，对面料的利用更加充分。连体通裁如果从袍身结构工艺来讲可以分为两类：第一类是袍身后片有破缝，整个袍服的袍身是以中间为界限，左右各一个门幅宽的布料裁剪再缝合而成的，容易满足整体袍身较宽尤其下摆较宽的袍服，此类袍服由于袍身和上臂的袖子相连，袖子的找袖一般较短。此种结构袍服的里襟大多情况下是和衣身后片为一个整体，袍服前身的大襟是另外裁剪再缝合上的。此种制袍方法相对耗时耗料，多用于男袍。第二类是袍身后片无破缝，因此受门幅宽度限制，几乎整个袖子的长度都是找袖接上的，而且如果下摆较宽的款式还要在下摆两侧分别接上一块三角形面料用以加宽下摆，便于行动。此类袍服的裁剪会遇到一个问题，那就是系带或系扣的重叠处里襟缝合拼接的部位容易露出，这在中国传统文化里是不允许的，所以在大襟的边缘会有镶绲等工艺来将边缘放大，这样就起到了遮挡里襟缝合处的作用。所以此类袍服多适用于女袍，男袍的边缘有繁复的装饰是不多见的。也正是因为有此区别，再加上古时男尊女卑等社会经济文化等因素的影响，这两种结构工艺的袍服虽然没有明文规定性别，但是在实际使用上还是有明显的区别的。这种分类既受礼仪制度、男尊女卑、审美等社会文化因素的影响，又受用料多少、门幅宽度等经济和技术的影响。

----

❶ 襞积：衣服上的褶子。

（二）袍襟结构工艺

袍襟的结构工艺和整个袍身的廓型、工艺制作、审美都有着非常紧密的联系。从廓型来说，大襟的结构尤其大襟边缘的装饰，都会令大襟更加硬挺，直接影响整个袍服的轮廓及穿着效果。大襟结构与镶绲工艺的结合很好地解决了边缘脱丝以及大襟和里襟重叠处缺量的问题。袍襟的不同结构工艺还和不同的审美、活动需要及保暖作用息息相关。

1.多片裁剪袍身的大襟结构工艺

多片裁剪的袍身主要出现在五胡十六国时期之前，以交领袍服为主。湖北荆州战国墓和湖南长沙马王堆汉墓都出土过大量的此类袍服，归纳起来此类袍服的袍襟的结构工艺有三个特点：首先，大襟和里襟的重叠量大，这是受当时礼仪制度影响的，主要起到遮蔽身体及内衣的作用。其次，大襟止点的位置设计，大襟止点的位置高则领口紧，大襟和里襟的重叠量也越大；反之，位置低则领口松，大襟和里襟的重叠量也越小。最后，大襟处的裁剪方式分为正裁和斜裁，大襟采用正裁（腋下加小腰）或是斜裁都是为了使袍服的活动功能和保暖功能发挥得更好。

2.通裁有破中缝袍身的大襟结构工艺

通裁有破中缝袍身的大襟结构工艺多见于北朝到民国时期的圆领袍服、盘领袍服和立领袍服之中。归纳起来此类袍服的大襟结构工艺有三个特点：首先是领口至腋下处大襟的边缘线形状变化多，有一条斜直线的、有一条凸弧线的、有先横线再凹弧线的等，都是功能和审美共同作用的结果。其次是此类袍服里襟结构特殊，大多为里襟宽至前中心线但长度要短于袍身很多，此类结构设计便于行动，是以对功能性的考虑为主。最后是缺襟的特殊大襟结构，此类袍服最为特殊，主要集中出现在清代的缺襟袍中，是行服袍的一种，在结构工艺上为了便于骑射采用了两种设计：第一种是在袍的大襟下端减掉大襟的一部分，缝制完成后用系扣的形式固定在袍襟之上，骑行时摘下，做常服袍时系结，此大襟的结构是专为活动方便的功能性而设计的。第二种是领口到腋下的大襟边缘设计成"厂"字型，先平直绕过胸高点处再凹弧线向下至腋下，这样就起到了贴身保暖和方便骑射的作用。

3.通裁无中缝袍身的大襟结构工艺

通裁无中缝袍身的大襟结构工艺主要出现在清代、民国时期，尤其集中体现在女袍当中。归纳起来此类袍服的大襟工艺结构有两个特点：第一是大襟和袍前片是连属的一个整体，里襟和大襟重叠部分是后缝制上去的，此类设计充分利用了大襟边缘装饰的女性特殊审美，即避免了袍身的破缝又将大襟和里襟重叠处的不足变缺陷为至宝，成为女袍中最为亮丽的一部分。第二是民国时期改良旗袍的出现后，又出现了一些新的工艺，很多改良旗袍的大襟就要运用收省、前后片分裁、归拔等工艺。此类结构设计工艺的运用是东西方文化交流的产物，是整个社会审美大变化的结果，工艺的运用主要满足更好地突出身材这一审美而设计。

二、近代汉族民间袍服的制作工艺

从历史传承的角度看汉族袍服，虽然历朝历代袍服款式都有区别，但是其缝制工艺确实是一脉相承的，现代旗袍的各种针法、贴边嵌条等缝制方式都能在历代袍服中找到其历史的原型，所以本节选取几件在缝制工艺上极具代表性的旗袍进行分析，从中总结出旗袍各部位的制作工艺特点。本节实物来源于江南大学民间服饰传习馆藏旗袍。

（一）胸部大襟处的制作工艺

在胸部大襟造型的处理上讲究的是"一气呵成"，没有分割线，没有多余的省道，面料对应处如果有花纹要完全对合。由于胸大襟处在打板时没有设计省，也没有省的转移，经过裁剪，弧度变大，拉伸时容易变形，为了使之不易变形，更符合胸部造型，在胸大襟处采用了烫缩拔工艺手艺（也称归拔）。❶

首先，将前片对折双固定在工作台上，胸部造型自然隆起，将侧缝提高1.5厘米左右，增加烫缩量，从而增强胸部造型。其次，从BP点（胸高点）作45°角分线交于大襟，再由此点向两边各量出3厘米。然后喷水，将推出的余量烫缩。最后，用牵条沿边缘固定，保证不会通过拉伸改变造型。在烫缩前要认真检查熨斗，保证熨斗的清洁度以免对衣料造成损伤。

（二）背部、后腰及臀部造型的制作工艺

在制作工艺过程中，人体上半身的起伏变化是最大的，这种线条的变化

---

❶ 庞博．"30、40年代旗袍"与"当代新工艺旗袍"生产工艺的比较研究[D]．长春：东北师范大学，2015：27-30．

不光存在于胸部，对旗袍背部及后腰的线条要求和工艺也是极其考究的。在烫缩之前，首先需要确定烫缩的点和幅度。由于旗袍讲究对女性身材及线条的高度包裹，所以后片的造型就要紧随体态的变化。本书为了方便研究，主要以常规体态的烫缩示例。

首先，在打板纸上画一条与衣长相当的水平线，将旗袍的后片对折铺平，将旗袍的后中心线对准直线，后中心线指向前，侧缝处靠近身体，固定。其次，将侧缝处所对应的胸围与臀围连线为线段A。然后，后中心线作垂直线垂直于底摆B。最后，作臀围线垂直于底摆连线C。

在固定好后，开始进入烫缩的步骤。首先，令腰宽点为点a，固定点a。由点a向肩胛骨处拉扯，由点a向臀围线后中心处拉扯。均匀喷水，利用熨斗的热量将此量拔出，烫平。然后在后腰面料凸起处喷水，再用熨斗的力量烫缩。此时背部、后腰及臀部造型的烫缩过程已完成。在烫缩过程中，有几点需要注意：首先，肩胛骨和臀部造型在烫缩的拉扯中不能超过先前画好的后中心线。其次，要让肩胛骨、后腰及臀部造型一气呵成，线条圆润、顺畅，不可以有棱角或突出明显的点。然后，折双的面料一定要保证喷水均匀，喷水量不能过大也不能过小。最后，在缩烫前必须检查熨斗，确保熨斗的清洁度，以防对衣料造成损伤，如图3-19所示。

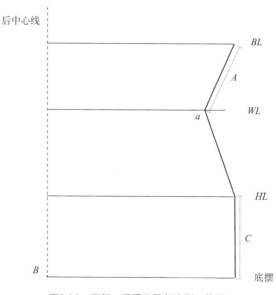

图3-19 背部、后腰及臀部造型工艺图

（三）下摆造型处的制作工艺

下摆造型的具体制作工艺为将下摆用手轻轻推动，切忌拉扯，与下摆线段C重合，固定。将腿部附近余量烫缩。这一步骤中主要以改变原有纱向为主，使下摆侧缝垂直于地面，通过这一工艺过程使旗袍在穿着时更具有垂坠感，同时可以很好地规避衩口张开。在下摆的烫缩过程中切忌用力拉扯，会造成后片长度的变化，使得前后片不能很好地缝合。同样，折双的面料一定要保证喷水均匀，喷水量不能过大也不能过小。在烫缩前要认真检查熨斗，保证熨斗的清洁度以免对衣料造成损伤。

（四）肩部造型处的制作工艺

首先，将后片肩部铺平，将肩线与领围线的交点固定。其次，将袖窿线与肩线的交点沿肩线方向向里推0.5厘米左右，固定。这样针对后肩的弧度烫缩就完成了。再次，均匀地把水喷到肩线处，利用熨斗的热度将多余的量烫平。左右两边同理。最后，将裁剪好的前片取来，虽然在制板时前片为"V"型，但在缝合时两条肩线是要重合的。这样通过缝合后，肩部的造型就自然给人一种展开的效果。

（五）领部的制作工艺

1.领衬的制作工艺

旗袍的领衬必须用横纹制作，这样制作出来的领子不会变形。首先，按1/2的纸板造型对准预先设定好的后中心线裁剪一侧，再将纸板调转裁剪另一侧。注意不要对着领衬，不要在后中心线处留有折痕，不留缝份，将边缘尽可能修圆顺。然后，为防止领衬过硬会对面料刮伤，在领衬边缘包一圈0.5～1厘米的单面黏合衬或嵌条，黏合层或嵌条为斜裁。将粘好黏合衬或嵌条的领衬，沿边缘0.3～0.7厘米处缲缝一圈。

2.表领布及里领布的制作方法

按领衬造型上领缝份为1厘米，下领缝份为2厘米。表领面料为垂直纱向，以对花为主，而里领的纱向为45°正斜纱。因表领布与里领布中间夹有领衬，因此二者在缝合时，即内圈与外圈之间所需长度的差距，亦即外圈表领布比领衬多1厘米，领衬又比里领布多1厘米。故表领布与里领布缝合时，表领布要放松，里领布要拉紧，表领布、里领布相差约2厘米。因此，表领布需要烫缩。将表领展平，与领围重合处向下，设两折角为A、B点。上领边缘从中心线向两侧延伸至直线处结束，为C、D点，固定。分别由A、B点向中心线处推0.5厘米，将推起多余的量烫缩，如图3-20所示。

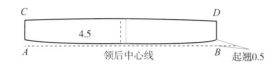

图3-20 表布及里布的造型工艺图（单位：厘米）

3.表领布、领衬、里领布的结合与整烫

由于近代汉族民间旗袍表领布、领衬、里领布三层的缉缝与一般领子粘衬的方法不同，因此在缉缝前必须注意衬的方向及缉缝的位置，缉缝后缝份整烫的方法与西式做法不同，则此步骤尤为重要。首先，表领布与里领布以领后中心线为标示，正面对正面，对应领衬标记处A、B、C、D四点的位置。然后A到B之间缉缝，缝份为0.8～1厘米，将领衬包裹于表领布缝份处，表领布包裹领衬，包裹时，先推AB，再一点点将两端弧形处包裹。此时注意，为了让完成后的领子自然圆顺，在熨烫时从领后中心线开始，向左右两边以滚圆的方式熨烫，表布要绷紧领衬。两端折角处要顺畅，圆弧处要与领衬形状一样。最后，包裹里领布，将领子铺平，领后中心线插珠针固定，此时里面料顺序为，里领布、表领布、领衬。然后将里领布领头缝份沿着领衬的造型一点一点熨烫，熨烫时手要拉近面料。熨烫好后，将里领布翻转至领衬之上。最后熨烫时依然以领后中心线为起点，向左右两端以滚圆的方式熨烫。再用手针将领头处用隐形针法缝合。

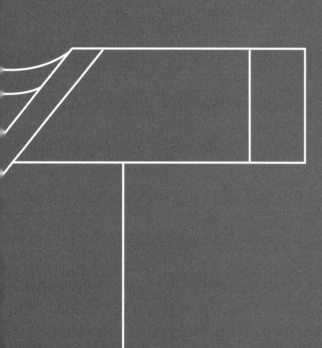

第四章

传统汉族民间袍服的装饰艺术

第一节 袍服的缘饰艺术

一、缘饰的定义

《辞海》中缘饰的定义为："镶边加饰；绘饰。"一般指存在于物体边缘的装饰，对物体本身起保护及修饰作用，兼具功能和审美两种属性。❶缘饰作为装饰艺术的一个重要组成部分，被广泛应用于绘画、装裱、家纺、服装、器皿等领域的装饰设计中。本书是针对服装语境下的缘饰所展开的研究与探讨，指对服装起保护和美化作用的服装面料边缘位置的装饰性设计。

（一）服装缘饰概述

服装缘饰意为针对服装边缘而进行的修整和装饰处理，是指以衣片的边缘线及接缝线为附着点的装饰性设计，常见于服装的领口、袖缘、襟边以及下摆等部位。服装缘饰最初的用途是加强服装面料的牢度，因我国早期服装多由轻薄柔软的面料制成，既不具有硬挺度，也不耐穿，尤其是领袖襟裾等经常与人体及外界接触的边缘部位更是容易产生磨损，因此人们开始利用比较厚实的布条对其进行有意识的加固处理，成为服装缘饰的雏形。随着手工技艺的不断发展和成熟，单纯由一条布条构成的缘饰发展为多条，使用材料种类也日益增多，进而发展出丰富多样的构成形式，后由于缘饰面积在服装整体中的比重不断增大，在保留其原有实用功能的基础上，缘饰开始向装饰性方向发展，并根据各历史时期客观条件的不同，服装缘饰表现出不同的装饰风格和装饰特点。

与西方立体贴体的服装形制相悖，我国传统服饰多为经平面裁剪而成的宽衣形制，这是由我国传统思想观念决定，中国服饰讲求隐藏人体、弱化人体，服饰美体现在服装表面而非人体本身，由于平面裁剪的制衣特点，我国传统服饰结构单纯，造型简单，故而使表面装饰成为服装设计的重点，缘饰

---

❶ 李雅靓. 民国时期旗袍缘饰的设计研究[D]. 北京：北京服装学院，2017：11-12.

作为服装常用的装饰手法，是我国传统服饰装饰性设计中的一个重要组成部分。一方面，根据不同历史时期的时代背景和文化特点，缘饰以其丰富的装饰手法赋予服饰不同的美，如先秦交领深衣边缘处绣制的内敛深沉的回形纹装饰，明代褙子对襟处富丽的团花贴边，清代袄衫袖口处繁缛华丽的"十八镶绲"，以及民国时期海派旗袍上精美的蕾丝花边，无一不体现着缘饰赋予服装的独特魅力。另一方面，由于缘饰主要是围绕衣片的边缘线和接缝线而进行的装饰处理，故缘饰多是以"线"或"类似于线"的形式存在于服装上，人体运动引发服装的形变，使装饰在边缘处的缘饰在视觉上若隐若现并产生线条特有的流动感，这种在视觉上带来细微变化与我国传统服饰平面且宽松的造型相得益彰，与讲求自然、神秘的中国哲学不谋而合，为服装本身增添了艺术趣味和活力，成为我国传统服饰中极具代表性的装饰方法之一，并沿用至今。

（二）旗袍缘饰的界定

旗袍缘饰指的是对旗袍面料的边缘及接缝处的修整和装饰处理，通常出现在旗袍的领口、领围、衣襟、袖口、下摆及开衩等部位，多采用丝质绸缎或花边等材料通过镶、嵌、绲、贴、绣等工艺制作而成，表现形式和装饰风格受各时期社会主流审美的影响而不断变化与发展，成为旗袍典型的服饰语言之一。旗袍缘饰存在的主要目的体现在对旗袍主体的保护和美化上。

一方面，缘饰的包裹修整了旗袍衣料的边缘线，避免衣料本身脱丝现象的发生，对衣料起牵制作用，并且能够减少旗袍长期与人体和外界接触而产生的磨损，对衣料起到很好的保护作用，延长了旗袍的使用寿命。

另一方面，旗袍缘饰的表现形式和装饰手法多种多样，对造型结构比较单一的旗袍起到很好的修饰作用，强化了旗袍的风格特征，提升了旗袍的艺术内涵。旗袍缘饰的表现形式和装饰风格多种多样，不同的时期表现出不同的特点。在一定程度上，旗袍缘饰能够反映其所处时代的经济技术发展水平、文明开化程度及审美意向。而旗袍装饰艺术伴随着时代的更迭不断创新，也为旗袍注入了新的魅力与艺术美感。

二、镶边装饰艺术

在我国清代，女子服装边饰的绲、镶工艺非常讲究，比较特别的手法是

图4-1 团花藕荷绸氅衣
（中国丝绸博物馆藏）

最外侧一道阔边，再镶一道宽边，然后是以镶珠玉、镂花、缝带、补花以及绘、绣等为手法的两道窄边。氅衣、衬衣是清代女子常见的服饰，多有绲、镶工艺的应用。清代女士衬衣样式为圆领、右衽、斜襟、直身、平袖和右侧开大衩，有5粒纽扣的长衣。袖子的形式有：长袖、舒袖和半宽袖。如图4-1所示，氅衣左右开衩高至腋下，衩的顶端装饰如意头，氅衣的纹饰更加华丽。清代女子服装边饰由早期的三镶五绲，发展到后来的九绲十八镶，比较繁复❶，如图4-1所示。

旗袍源自清代女子常见的服饰——氅衣、衬衣，经20世纪30年代改良之后，穿着舒适方便，造型上更合体美观，民国时期旗袍已成为汉族女性的主要服饰之一。当代旗袍在衣身结构、袖结构上采取了西式的立体分解结构，但其样式却极具东方风格，而这东方风格是因为旗袍保留并采用了绲、镶等传统工艺呈现出来的。

1.镶边工艺

镶是指在衣片的缘边或嵌缝在衣身、袖子的某一部位，用一种颜色或不同面料质地的布条、花边和绣片等形成具有装饰性条带的工艺。有镶色与镶块两种类型。即"镶"是指"镶拼"与"镶嵌"两种工艺的结合。镶拼是指服装使用两块或两块以上的布料连成一体的服装工艺。此工艺可以采用的针法有多种：套针、斜缠针、接针、桂花针、扎针、绲针、打籽针、施针和圈金绣等。镶嵌是指一块布嵌在另一块布料上。通常在制作时都把小布遮盖在较大的布上重叠缝制。❷

❶ 龙琳，陈秀芳，金隽. 绲、镶工艺在旗袍等华服缝制中的应用[J]. 轻纺工业与技术，2018，47（11）：1.
❷ 张中启. 缘饰在旗袍中的应用分析[J]. 国际纺织导报，2016，44（4）：56-58+60-62+64.

镶边也是清代旗袍加工中最为常见的工艺手法，是一种以装饰性为主的缘饰工艺，带有很强的中国传统特色。采用不同颜色、不同材料进行镶边可达到不同的外观效果。通常采用内折和内贴两种方法处理旗袍边缘毛边后再进行镶边缘饰。根据所使用的材料，镶边可分为布条镶边和花边镶边两种。

　　布条镶边是将斜向布条两边折光扣烫后作为镶边材料，在旗袍衣片正面需镶边部位进行刮浆。将烫好的布条直接烫粘在旗袍镶边部位，用暗针将镶边条与衣片缝合，正面不漏针迹。旗袍边缘的直角部位，布条镶边对角处采用45°翻折。布条镶边根据镶边位置，可分为边条镶和布镶两种形式，边条镶通常位于旗袍边缘。布镶则不位于旗袍边缘，将边条镶与布镶结合使用。可形成多条镶的外观效果，镶边条数越多、层次感越强、多条镶是晚清旗袍较常用的镶饰手法。

　　花边镶边是采用花边或织带为镶边材料，镶缝在旗袍边缘部位的一种镶边工艺。它具有很强的装饰性和视觉效果。花边镶边常常与布条镶边或其他缘饰工艺手法混合搭配。在增加旗袍美感和豪华感的同时，还可提高旗袍档次，是高档旗袍中运用较多的一种缘饰工艺。

　　2.镶绲结合工艺

　　镶绲结合是指把需要镶拼的两块或多块布片拼缝成一个整块，再在外缘绲边，或者是先在布片上做绲边处理，再与衣服主体拼接，镶拼与绲边都属于局部设计。镶拼与绲边在形态上形成面与线的对比，体现出一种比例美。镶拼的布块在色彩上和谐搭配，能使得服装具有丰富的视觉效果，传统上采用大镶绲装饰，通常是在领、袖、前襟、下摆、衩口等边缘施绣镶绲边。镶与绲这种古老的工艺不仅仅在清代袍服中有所体现，纵观历史的长河，在之前的朝代传统服饰中也有其装饰手法的身影。

　　镶绲装饰工艺是袍服制作中一门非常传统古老的技艺，早在先秦时期就有使用，后来历朝历代出土袍服实物也均有此工艺，尤其到了清代中晚期，镶绲的装饰被大量运用。近代常见的装饰工艺有挖镶、镶嵌、镶绲。挖镶所饰纹样有花卉、鸟蝶，尤以云纹最为多见，故又称挖云，是指在布料上镂刻出纹样，并镶嵌绲边，纹样底部以同色或异色绸缎衬之，具有较强的立体效果和层次感，明清时期运用较多，主要在袍服的领部、襟部以及开衩处运用；镶嵌是一种在袍服上镶绲花边、牙条或挖镶花纹，明清时期袍服大量运用此种装饰，传世袍服在各大服装类博物馆中也非常多；镶绲主要指在袍服中施

第四章　传统汉族民间袍服的装饰艺术

以绲边，绲边所用布料为斜丝裁剪，绲边的使用既可以支撑袍服廓型又可以加固边缘，最重要的是可以起到装饰作用，所以无论男袍还是女袍都经常运用这种装饰工艺。

三、绲边装饰艺术

汉族袍服除了织绣以外还有很多装饰手法，比如先秦时期就大为流行的彩绘，与功能结构相结合的镶绲，从清代开始流行的各种扣子，这些都是袍服重要的结构装饰工艺。

绲边是用熨烫后的斜丝布条包裹旗袍边缘使边缘更加光洁，增加边缘的耐磨性和牢固性。它适合任何弧度的造型。绲边材料可以是服装面料，也可以是里料。颜色可用本色配色，也可以根据旗袍款式的需要选用其他颜色。

绲边种类很多，分类方法也很多，通常可根据绲边宽窄和绲边道数对绲边进行分类。根据绲边宽窄可将旗袍绲边分为阔绲、狭绲和细香绲等。

阔绲是指绲条宽度大于0.3厘米的绲边，通常有二分绲、三分绲、五分绲和一寸绲等形式对应的宽度。分别为0.6厘米、1.0厘米、1.5厘米和3.0厘米。阔绲外观与镶边十分相似但反面明显不同。阔绲不适合较陡的旗袍边缘绲边，它是一种兼具装饰性和实用性的绲边形式，如图4-2所示。

图4-2 旗袍阔绲细节
（江南大学民间服饰传习馆藏）

狭绲俗称分绲，绲条宽度约0.3厘米，绲条面料较薄，在旗袍上呈现一道狭窄的缘边，是一种比较大众化的装饰手法，如图4-3所示。

细香绲的绲条宽度小于0.2厘米，它具有雅致的外观效果，是20世纪90年代中国旗袍常用的一种绲边形式，绲边很细宛如一根燃烧的卫生细香，典雅而精致，如图4-4所示。

根据绲边道数也可将旗袍绲边分为单绲和多绲两种形式。

图4-3 旗袍狭绲细节
（江南大学民间服饰传习馆藏）

单绲是指旗袍的边缘只有1条绲边，其宽度可自行设计。单绲的形式很多，可以是"阔绲""狭绲""细香绲"中的任何一种，面料选择也比较灵活。旗袍边缘直角部位对角线处的绲边角度45°，其正反面绲边宽窄必须一致。

多绲是指旗袍边缘有2条或者2条以上的绲边，与单绲相比，多绲视觉效果相对丰富，层次感强，旗袍的边缘更加扁平、服帖，多绲通常是先将第1根绲条绲到衣片边缘，然后再按照旗袍款式要求将第2、第3根绲条绲到衣片上，绲条间应留有一定间距。多绲非常适宜于曲线型绲边，其质量要求是绲边宽窄一致，旗袍边缘直角部位处所有绲边对角线必须在一条直线上，如图4-5所示。

图4-4 旗袍细香绲细节
（江南大学民间服饰传习馆藏）

四、其他缘饰艺术

1.嵌线条

嵌线条是指在旗袍绲边、镶边或夹缉止口制作时，夹缝在两块布片之间形成细条状线条的一种缘饰工艺，通常用于旗袍的领圈，有时候也结合镶边、绲边等。

图4-5 旗袍多绲细节

缘饰工艺用于衣襟、下摆及两侧开衩等部位。根据制作工艺，嵌线条通常可分为嵌线和嵌条两种形式，嵌线根据外观形状又可分为单线嵌和双线嵌两种形式。单线嵌是指在旗袍边缘缝合时嵌一根嵌条的缘饰工艺，双线嵌则是嵌两根嵌条的缘饰工艺。双线嵌有不同的嵌线方式，可以一根嵌条宽些，另一根嵌条窄些，也可以一根空嵌，另一根夹线嵌。嵌线条是旗袍边缘缝合时在嵌条内夹有蜡线或粗纱线的一种缘饰工艺，它可以使嵌线饱满、立体感强，如图4-6所示。

图4-6 嵌线条装饰
（江南大学民间服饰传习馆藏）

2.手绘

手绘是一门古老的手工技术，也是中华民族一朵古老而又新颖的艺术之花。它是用纺织品专用的绘画颜料和涂料采用喷洒、平涂、渲染等手法，直接在旗袍边缘画出纹样的一种缘饰工艺。手绘缘饰工艺能够将传统风格与流行文化揉为一体，形成千姿百态、色彩丰富的图案，具有强烈的个性色彩，深受现代女性的喜爱和关注。

3.单独构成与组合构成

除了以上几种的缘饰艺术类型，缘饰之间相互组合或单独构成也可以形成旗袍装饰艺术中独特的美感。❶

单独构成是指旗袍的缘饰是由一种装饰元素设计而成，采用同色、同质的材料，用相同的工艺手段实现对旗袍边缘部位的装饰。这种构成形态的缘饰在民国后期的旗袍设计中比较常见，如单镶、单绲的绸缎缘饰，或是由一种机织花边贴饰而成的缘饰。其在这一时期应用的比较广泛，具有简练、含蓄的装饰特点。这种构成形态的缘饰的制作工艺相对比较简单，成本较低，且能提升旗袍整体装饰风格的统一性，因此受到这一时期女性的青睐。

组合构成是指旗袍的缘饰是由一种或多种装饰元素组合设计而成，其装饰元素的材料、色彩、工艺、装饰位置可随设计风格的需要进行组合搭配，设计手法的运用相对来说比较自由。这类缘饰常用于风格比较华丽、繁复的旗袍的装饰设计中，在20世纪30年代的旗袍上应用最为广泛，其缘饰的装饰元素的丰富性、工艺手法的多样性赋予这个时期的旗袍独特的艺术魅力，具有华丽、生动的装饰特点。根据装饰元素应用数量的不同，组合构成的缘饰又分为一种装饰元素构成的组合型缘饰和多种装饰元素构成的组合型缘饰两种情况。一种装饰元素构成的组合型缘饰是指由一种装饰元素按照一定的规律组合而成的缘饰，如常见的多镶、多绲的缘饰形态，或是同种装饰元素根据装饰位置的不同做出规格和数量上的调整和变化而形成的组合型缘饰。多种装饰元素构成的组合型缘饰是由多种装饰元素按照一定的装饰规律搭配组合而成的缘饰，包括不同色彩、不同材料以及不同工艺手法的装饰元素，这种表现形态在民国时期旗袍的缘饰设计中比较常见，尤其在民国中期，大量西方服装材料的引入，如蕾丝一类的机织花边在当时旗袍缘饰的设计当中得

---

❶ 李雅靓.民国时期旗袍缘饰的设计研究[D].北京：北京服装学院，2017：35.

到广泛的应用，出现传统镶绲元素与蕾丝花边的搭配组合，形成民国时期最具代表性的装饰性设计。组合构成的缘饰制作工艺相对比较复杂，缘饰材料的多样性使其制作成本较高，其丰富多变的表现形态成为民国时期旗袍最亮眼的风景线，成就了旗袍精致、华丽、独特的风格魅力。

五、缘饰艺术的作用

（一）保护功能

缘饰作为旗袍制作中的一种基本工艺，通常运用于旗袍的袖口、领与襟等容易磨损、脏污部位。缘饰可包裹旗袍边缘的毛边、缝头，防止边缘脱纱，使边缘光洁，并能保持边缘的平整度，增加边缘质量分担边缘的拉扯力，提高边缘牢度，减少旗袍的磨损，对旗袍的边缘具有一定的保护功能（图4-7）。

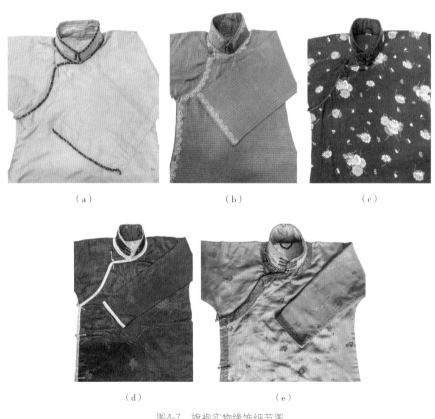

（a） （b） （c）

（d） （e）

图4-7　旗袍实物缘饰细节图
（江南大学民间服饰传习馆藏）

（二）装饰作用

旗袍缘饰工艺起初只是采用绲边工艺技法，用本色面料直接将旗袍的边缘部位包裹起来。随着时代的发展和人们审美意识的提高，人们开始采用异色面料、花边等材料，对旗袍边缘的有限区域进行装饰和美化，工艺技法也从最初的绲边发展为镶边、贴缝、嵌线条、刺绣、补花及手绘等。例如，清王朝建立后，对旗袍缘饰的装饰作用更加看重，从三镶三绲、五镶五绲发展到十八镶绲，缘饰占据了旗袍的大部分面积，甚至掩盖了旗袍主体。繁杂、精美且富丽的缘饰使旗袍锦上添花，最大程度地表现出对旗袍的装饰作用。

第二节 传统汉族民间袍服的纹饰艺术

一、印染设计的新旧、中西并存

我国是最早发明织物染色和印花技术的国家之一，在清代以前，我国传统染色和印花技术在世界上享有盛誉，这两种方式也是服饰用织物的主要装饰手段之一。传统的旧式染坊往往以专染青蓝色的发酵靛缸为主。19世纪初，不论国产棉布还是进口的洋布，在我国都是使用国产植物染料进行染色，其中尤以靛蓝染色最多。到了清光绪年间，开始使用国外合成靛蓝等染料，增设了红坊、线坊、丝经坊、绸布染坊与印花坊等。清末以后，我国才逐渐引进现代印染技术及机器设备。相对西方合成染料、染色技术、印花技术及设备的迅猛发展，进入近代以后，中国传统的印染优势已不复存在，不少地区存在着新式染坊与旧式染坊并存的局面。新式染坊主要采用的设备有汽炉及矸光机等，且大多采用电为动力。旧式染坊采用锅炉、染缸和元宝石等。由于染坊逐渐采用进口染料，并通过与开设在各地的洋行或其经营商店联系，从中逐渐掌握了一些新的印染技术。中国近代动力机器染整业，首先产生于外国人在华创办的企业。1897年，英商怡和纱厂，最先使用以电力为动能的机器染色、整理等，生产出法兰绒等花色洋布。由于机器染整工艺复杂、设备昂贵、资金的积累和技术人员的培养都需要有一个过程，国内机器染整至

20世纪20年代左右才得以普遍发展。随着西方印染产品和技术的大量输入，中国近代印染产业和产品在学习、借鉴中得到逐渐的发展，在旗袍织物设计的织物中，印染产品也成为主要的面料品种之一。

二、织造装饰技艺

织是汉族袍服最常用的装饰手法之一，其中最为著名的就是锦。锦是一种多彩提花丝织物。以彩色真丝为原料，用多综多蹑机直接织出各种图纹。其使用的彩丝在两种以上，多者达数十种，有的还加织金银线缕，是古代丝织物中最为贵重的品种之一；其价如金，故名为锦。

锦的出现，至少已有三千多年的历史。历朝历代所穿锦制袍服必然受到当时技术、审美等因素的影响。春秋时，郑、卫、齐、鲁均为锦的主要产地，尤以襄邑（今河南睢县）出产的美锦为著名。汉王充《论衡·程材》中即有"齐郡世刺绣，恒女无不能；襄邑俗织锦，纯妇无不巧"的记载。1957年湖南长沙左家塘楚墓、1982年湖北江陵马山楚墓均有战国时期的彩锦出土。由此可见当时的织锦工艺已从单纯的几何纹推进到广泛表现自然形纹样的新阶段，而用锦制成的袍服装饰纹样也具有以上特征。西汉时在齐郡临淄和陈留襄邑设有服官管理织锦生产，襄邑仍为全国织锦的主要产地。东汉以后，蜀锦兴起，产品渐与襄邑织锦齐名。三国时，蜀锦成为蜀汉军需的重要来源，且是与魏、吴贸易的重要物资。晋左思《蜀都赋》："阓阛之里，伎巧之家，百室离房，机杼相和，贝锦斐成，濯色江波。"南朝宋时山谦之《丹阳记》："江东历代尚未有锦，而成都独称妙，故三国时魏则市于蜀，而吴亦资西道。"后赵建武元年（335年），石虎自立为帝，迁都至邺（今河南临漳），建织锦署。所产织锦名目繁多，文采各异，技术力量仍来自蜀地。晋陆翙《邺中记》："织锦署在中尚方，锦有大登高、小登高、大明光、小明光、大博山、小博山、大茱萸、小茱萸、大交龙、小交龙、蒲桃文锦、斑文锦、凤凰朱雀锦、韬文锦、桃核文锦……工巧百数，不可尽名也。"石虎皇后出游，随从女子千人，所著服装大多以蜀锦制成。马队经过，金碧辉煌。隋唐时期，胡服盛行，锦的使用十分广泛。据唐人《通典》《唐六典》以及《新唐书·地理志》等记载，当时生产的彩锦以"半臂锦""蕃客袍锦"为多，织成后可直接成衣。其纹样则以联珠、鸟兽为主，花纹硕大，色彩鲜明。除川蜀外，扬州广陵也渐成为织锦的重要产地，仅高级"蕃客袍锦"每年便要向朝廷进贡250件，作为朝廷向外国使节的馈赠礼品。北宋初年在都城汴京（今河南开封）开设有"绫锦院"，集织机四百余架，并移来了众多技艺高超的川蜀锦工作为骨干。另在成都设"转运司锦院""茶马司锦院"，专门织造西南、西北少数民族喜爱的彩锦。同时在河南、河北、山东等地，还建有规模甚大的绫锦工厂，从而打破了魏晋以来蜀锦独步天下的局面。宋王室南渡后政治经济中心随之南迁，丝织生产的重心也转移到江南地区，杭州、苏州渐成为织锦的主要产区。宋锦风格与唐锦有较大差别，花纹秀丽、色彩素雅。著名品种有宜男、宝照、天下乐、六答晕、八答晕等。宋费著《蜀锦谱》中有：上贡锦三匹，花样八答晕锦，官告锦四百匹，花样盘球锦。簇四金雕锦、葵花锦、八答晕锦、六答晕锦、翠池狮子锦、天下乐锦、云雁锦。《宋史·舆服志下》："中书门下、枢密、宣徽院、节度使及侍卫步军都虞侯以上，皇亲大将军以上。天下乐晕锦……诸班及诸军将校，亦赐窄锦袍。有翠毛、宜男、云雁细锦、阗阖附酡狮子、练鹊、宝照大锦、宝照中锦、凡七等。"《水浒传》第三十五回："前面簇拥着一个年少的壮士，怎生打扮？但见头上三叉冠，金圈玉钿；身上百花袍，织锦团花。"元代流行织金锦，名纳石失，多用于帝后贵族衣式。明清时织锦技术步入巅峰，最为著名的有苏州的仿宋锦（也称"宋锦""宋式锦"）和南京的云锦，部分技术流传至今。历朝历代都有不同的袍服以织的形式作为主要装饰，如图4-8所示。

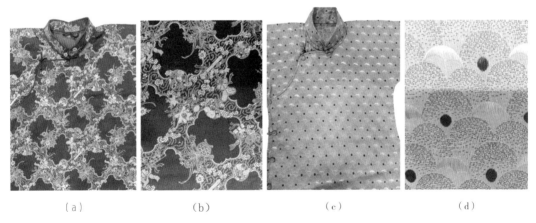

（a）　　　　　　　（b）　　　　　　　（c）　　　　　　　（d）

图4-8　织锦面料
（江南大学民间服饰传习馆藏）

三、印染装饰艺术

（一）汉族袍服彩绘装饰

绘又称会、缋，是一种传统服饰的设色工艺，在衣服上绘画或刺绣纹样。《说文》载："绘，会五彩，绣也。"段注："古者缋训画，绘训绣。"彩绘用作袍服的装饰历史非常悠久，1972年马王堆汉墓出土的服装中就有彩绘装饰的出土文物，1975年福建省福州宋代黄昇墓出土了8件使用彩绘进行装饰的袍服实物。袍服的对襟及缘边处大多镶一条由印花和彩绘组合或者只有彩绘的花边，其中凸纹印花彩绘的工艺与纹样尤为特别，其凸纹版印花是根据设计好的纹样在修整好的硬质木板上雕刻阳纹的纹样图案，再用薄厚适宜的涂料浆或胶黏剂涂在印花版上或者在印花版上蘸泥金，然后在上过薄浆熨平光洁的袍料上印出纹样的底纹或金色轮廓，之后才会再描绘敷彩，最后以白、褐、黑等色或用泥金勾勒花瓣和叶脉。宋代的这一工艺是汉唐以来凸版印花彩绘的继承和发展，宋代之后历代均有袍服以彩绘饰之，中国服装博物馆就藏有一件山东省烟台市黄城的清代大红缎地蝶恋花彩绘纹女袍，袍服的袖口处施以彩绘。此外，还有用点翠来装饰袍服的，点翠是一种以胶水来代替颜色在服装布料之上描绘纹样，再将翠鸟羽毛之末撒于纹样上的装饰手法，《水浒传》第五十五回记载："病尉迟孙立是交角铁幞头，大红罗抹额，百花点翠皂罗袍。"黄昇墓出土的彩绘袍服在历代彩绘装饰的袍服中具有代表性。

（二）丝绸印花装饰设计发展[1]

中国传统丝绸印花在秦汉时期已兴起且迅速发展，其印花工艺包括了凸版印花、型版印花、扎染、蜡染、夹染、碱剂印花，以及清代发展起来的木板砑光印花、弹墨印花等，品种极其丰富，使用范围广泛。印花所用的染料包括了矿物染料和植物染料两大类。进入近代后，由于上述印染工艺制作过程复杂及天然染料的色牢度较差的缺陷，渐渐被国外输入的丝绸印花产品和近代化学染料及西方输入的印化技术所替代。我国丝绸印染业在引进国外染化原料和普遍采用人造丝纤维织造生货以后，由于炼染和印花的分离，兴起了一批独立的新式精炼工厂和印花工厂。近代的丝绸印花技术来源于国外，

---

[1] 龚建培.近代江浙沪旗袍织物设计研究（1912—1937）[D].武汉：武汉理工大学，2018：153-163.

第四章 传统汉族民间袍服的装饰艺术

1912年以后，上海逐渐发展成为全国丝绸印染业最发达的地区，"20世纪30年代上海丝绸印染业已发展成为一个独立的行业"。近代新型丝绸印花的萌芽，并逐渐成为服用丝绸产品的主要品种之一，也给旗袍织物设计增添了前所未有的魅力。上海近代丝绸印花的演变过程是先水印后浆印，再至其他印花方式。

1.水印

水印，主要指以液态染料，通过型版直接刷印的一种印花工艺方法。水印的作坊大多为家庭式。水印设备、工艺较简单，能较快地更换花样以适应市场流行风尚的变化。水印工艺实质上应该是清末彩印花布的一种延续和发展，与传统印花的最大区别则是在染料的使用上。传统印花使用的是植物和矿物染料，近代水印使用的是西方人工合成染料，辅以相关的固色工艺。水印的印花工艺过程为：先将丝绸织物绷紧并用钉子将其固定在印花台板上，接着以镂刻好的纸版放置在丝绸织物的适当地位，再用草制圆刷（后改用羊毫制成的圆刷）蘸取各种溶解好的染液在织物上进行多种套色的刷印。由于刷印过程中可轻可重，可以在同一镂空版孔中刷出从深到浅或从一种色相到另一种色相的色泽变化，因而花色效果丰富而随性。印好纹样的匹绸晾干后，需放入密封蒸箱蒸化，以固色泽。

水印的特点是可以根据花纹大小来灵活制版，对丝绸匹布的门幅阔狭也没有特殊的限制，可以按丝绸门幅的阔狭或设计需要来印刷大小不等的独幅纹样或连续散点纹样。还可以按提花坯绸原本的纹样镂刻相应的印花纸版，加以套色印花，使纹样更为突显、生动，为当时其他印花工艺所不及，如图4-9所示。在20世纪30年代，也有发展为用气泵和喷壶替代圆刷在型版上进行喷印的，这种喷印方法的色彩过渡更为均匀细腻。水印的花型相对粗糙，纹样以小块面为主。印制时根据纹样需要的套色来制版，但一个花型最多只能4～5套色，也可以根据需

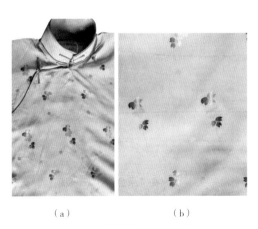

（a） （b）

图4-9 水印小折枝花纹样
（江南大学民间服饰传习馆藏）1

要在某套颜色上刷印出色彩的过渡和光影变化。水印工艺由于染液的饱和度较弱，存在纹样的色彩不够鲜艳、色牢度欠缺、易褪色等缺陷。并且织物的底色一般只能使用白色或浅色，如浅妃、蜜黄、浅蓝、浅肉色等，深色作底的产品比较少见。产品的印制一般以服装的面料为主，每件产品之间会存在一定色度的差异，并且产量较小，无法适应市场大批量的需求，最终为浆印所取代。从实物中，可以明显看到这种印花方法存在的色牢度不足以及纹样边缘控制度较弱等问题。

另一些印染厂规模虽小，但印染工艺各有特点。上海地方志曾记载："印花绸厂创制了蛋白浆料（即涂料），使其产品独树一帜。五丰印花绸厂还生产银缎提花加印花，图案是根据提花专门设计，售价很高"。上述记载虽提及了"提花加印花"的工艺，但未有详细的论述。从作者收集的旗袍织物的实物来看，提花加印花的品种，在近代旗袍织物中就有不少运用。大致可分为两类：一类如上文水印工艺所述，是根据提花纹样专门设计的印花稿，大都是在素色提花织物的纹样上，用印花做一些比较鲜艳的色彩点缀，以提高产品的吸引力和附加值。另一类是在提花染色的深色织物上，进行拔色印花的设计，使产品的视觉效果更为时尚。如图4-10、图4-11所示。

2.浆印

在现存的旗袍织物中，还可以看到一种与上述"水印"工艺类似的印花工艺——浆印。所谓浆印，即指用染料与糯米、糠粉浆调和成各种颜色的色浆，再使用型版来印花的一种工艺方法。其印花型版是使用纸质或胶皮材料镂刻而成，印制过程为：先用糯米粉浆糊将白色坯绸固贴于台板上，再用较

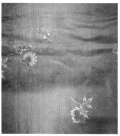

　（a）　　　　　（b）　　　　　　　　（a）　　　　　（b）

图4-10　水印小折枝花纹样　　　　　图4-11　巴黎缎小朵花纹样
（江南大学民间服饰传习馆藏）2　　　（江南大学民间服饰传习馆藏）

丝绸幅宽稍阔的镂花型版放在坯绸上面，根据纹样和工艺需求来套色，以不同色泽的色浆用刮板刮印在坯绸上，纹样印制完成后，将满匹全部刮印上约0.5厘米厚的地色浆，然后进行蒸化固色，水洗去浆，再脱水、晾干、整理。浆印工艺的特点是清地朵花为主，轮廓清晰、立体感强、色泽鲜艳、色牢度亦佳、水洗不褪；但印制工艺较烦琐，除染料外，须用糯米粉、糠粉调浆，消耗粮食既多，工艺又烦琐，稍一疏忽，易成疵品。另由于浆印的设备笨重，劳动强度高，且产量有限，价格不菲，获利不易，当时很难得到推广，如图4-12、图4-13所示。

3.丝绒烂花和丝绒烤花织物的设计发展

值得一提的是，在当时旗袍中还较为流行丝绒烂花和丝绒烤花织物。丝绒烂花属烂花印花类，亦称腐蚀印花。它的印花原理是：在两种或两种以上纤维组成的织物表面印上腐蚀性化学药品（如硫酸），经高温烘干、处理使某一纤维组分受破坏而形成特殊的镂空、透雕风格纹样的工艺。20世纪30年代的烂花印花，也称烂花绒，是利用桑蚕丝耐酸不耐碱，而人造丝耐碱不耐酸的不同特性，开发出来的。这种织物以桑蚕丝作地经，人造丝作绒经，采用双经轴织机织造。织造好的织物根据花形，用型版印花的形式将硫酸调在浆料里刮印在所需纹样以外的织物上，经炭化作用烂去部分人造丝，再经漂洗、染色整理就形成烂花绒。烂花印花主要用于真丝及其交织物（黏胶人造丝），如烂花绸、烂花乔其绒、烂花丝绒、烂花绡等。烂花印花织物具有轻、薄、透的特点，与当时女性服装及旗袍"薄、露、透"的审美趋势极为吻合，故而深受消费者欢迎。在丝绒类旗袍面料中，还有一类常见的品种即拷花印

（a）　　　　　　（b）

图4-12　浆印纹样
（江南大学民间服饰传习馆藏）1

（a）　　　　　　（b）

图4-13　浆印纹样
（江南大学民间服饰传习馆藏）2

花，也称拷花绒，拷花绒是丝绒织物染色后利用后整理方法形成纹样的一类绒织物。其工艺为：将染色后的丝绒贴在台板上，将绒刷成一边倒，再用金属镂空花版覆盖在丝绒坯绸上，以板刷向相反方向倒刷使绒毛倾倒，形成卧绒和立绒两个不同部分，也即拷花的纹样。在后面的发展中也有使用机械高温加压，使部分花型倾向某一方向，因产生不同反光作业而显出凹凸感的花型纹样。这

（a）　　　　　　　　（b）

图4-14　拷花丝绒
（江南大学民间服饰传习馆藏）

种印花方法工艺相对简单，纹样设计以块面为主，在不同的光源条件下，纹样呈现出丰富多样的视觉变化，如图4-14所示。

四、刺绣装饰技艺

在近代旗袍装饰设计中，刺绣装饰风格的发展基本与民国服饰的装饰风格发展同步，在工艺方法上趋向使用简洁的钉线绣、珠片绣、贴布绣、盘金绣等，细腻而费工的传统刺绣技法在传世实物中已逐渐淡出。在大部分的传世旗袍中，刺绣纹样的色彩由艳丽繁复逐渐转向柔和素雅。装饰部位主要为领、襟、袖、下摆等，以点缀为主。但在不同地域、城乡之间还存在着装饰风格的较大差异。而机绣的出现与使用范围的增加，也是影响近代女装刺绣风格转变和造成这些差异的重要因素之一。近代服饰刺绣的另一特点是，刺绣技法的平民化与简易化。❶

在旗袍织物的刺绣纹样中，无疑以植物纹样运用最为普遍，早期多采用传统的牡丹、兰花、荷花、百合、桃花、葫芦、梅花、菊花、寿桃、竹叶等具有晚清风格的传统花卉图案，用色纯度较高，对比强烈；近代中后期旗袍刺绣的植物纹样开始变得抽象、简化，色彩使用上也转向了淡雅、柔和。在动物纹样的题材使用上，前期也基本沿袭晚清风格，蝴蝶、蜻蜓、龙凤、蝙蝠、喜鹊、仙鹤、蜻蜓、飞禽等较为常用，并且多与植物纹样组合，整体上程式化、同质化的主题较多。近代后期旗袍织物刺绣中，西化的几何纹样、

❶ 龚建培．近代江浙沪旗袍织物设计研究（1912–1937）[D]．武汉：武汉理工大学，2018：175–184．

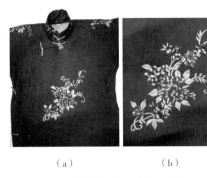

图4-15　墨绿地刺绣夹旗袍（鲁绣）
（江南大学民间服饰传习馆藏）

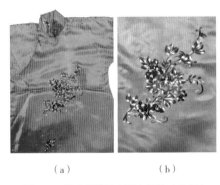

图4-16　牡丹蝴蝶纹刺绣夹旗袍（鲁绣）
（江南大学民间服饰传习馆藏）

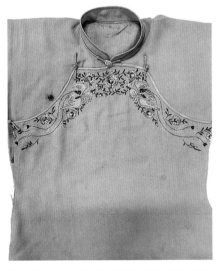

图4-17　水绿色缎条双凤纹刺绣双襟无袖旗袍
（江南大学民间服饰传习馆藏）

风景纹样、散点折枝花卉纹样比较多见，现代人物纹甚至是外文字母纹样也有少量使用。

在20世纪20年代以后，旗袍刺绣纹样设计的特点可归纳以下几个方面：一是以折枝花、散点小花为主，颜色柔和素雅。二是随着印染技术的提高，在旗袍织物上开始出现各种印花与绣花相结合的装饰手段，也从另一个侧面丰富了刺绣的艺术表现效果。三是随着审美情趣与着装观念的变化，服装上不施绣文已成风尚，因此，使得近代旗袍织物刺绣风格变得简约雅致（图4-15～图4-17）。

五、蕾丝装饰技艺

蕾丝织物因料质地轻薄、通透、高雅，穿着中具有优雅、神秘、奢华的艺术效果，在西方被广泛运用于女性的服饰面料装饰和贴身衣物装饰。在20世纪早期，蕾丝织物就传入我国，在20世纪20年代后期的旗袍织物中，蕾丝面料的运用逐渐增多，也迎合了旗袍织物"轻、薄、透"的时尚特点，深受各阶层女性消费者的青睐。从现有传世的蕾丝旗袍来看，其蕾丝面料中多为机器生产并多为进口。当年的"沪剧皇后"王雅琴至今还珍藏着她22岁时穿着的蕾丝旗袍，她回忆当时的蕾丝旗袍面料大多是舶来品，又轻又飘。

由于蕾丝面料轻薄而通透，一般在

穿着时，内穿衬裙，而在所选蕾丝花边的纹样上，一般以意象或抽象的花卉纹样为多，通过疏密有致的变化，在网状地纹上形成半透明的质感。在色彩运用上，一般以单套色或2～3套色为多，色调多呈淡雅的灰色系（图4-18）。

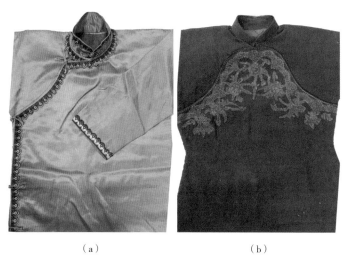

（a）　　　　　　　　　　　　（b）

图4-18　蕾丝花边旗袍
（江南大学民间服饰传习馆藏）

第三节　传统汉族民间袍服的细节装饰艺术

汉族袍服就袍身而言运用最多的装饰手法就是织和绣，织以缂丝和锦最为名贵，刺绣又以四大名绣最为人熟知。历朝历代的袍服装饰位置均有其特征，尤其自唐朝开始作为礼服的袍服在胸背部的装饰就成为演变的重点部位。

一、盘扣的细节装饰

纽又称钮，有带结或纽扣之意，早在先秦时期就在袍服中使用了。《礼·玉藻》中记载："居士锦带，弟子缟带，并纽约用组。""纽谓带之交结之处，以属其纽，约者谓以物穿纽约结其带。"袍服之纽自先秦至宋多以布带系结为主要系结方式，自元明开始金属、玉石之扣开始少量应用，清代金属玉石为扣、布为襻的组合方式开始流行开来。纽在最开始主要起到系结作用，后来逐渐将实用性和装饰性相结合，自元明开始至清代，纽的装饰性达到顶峰。纽的种类更是繁多，有绦纽扣、芙蓉扣、鸳鸯扣、牙子扣、双蝶扣等，扣发展到清代时仅运用在袍服中的扣子按材质分就有多种，有鎏金簪花铜扣、金扣、银扣、铜扣、布扣、玉石扣、米珠扣、花丝镶嵌扣、蜜蜡扣、琥珀扣、点翠扣等，男女袍服大多都可使用。到了民国时期扣子的选料种类逐渐减少，基本都以布料盘结的盘扣为主，男性袍服绝大多数扣子都只选用一字扣，而形成鲜明对比的是此时的女性改良祺袍之盘扣虽然用料变得单一，但是盘结的款式却是发挥到了极致，色彩搭配，图形变化可谓变化莫测，尤以花卉纹、琵琶纹、蝶鸟纹为主。

民国之前中国古代服装联结衣襟扣合部件主要有三种："结带"、带扣和纽扣。"结带"或称"结缨"，古代也称"衿"。多以布料制成条带状，缝缀在上衣袍襟的边缘，扣结方式为系；带扣，唐代始出，多以金玉制，造型以钩、颈、纽四部分组成，作用于男子腰带的扣合。至清代演变为造型别致的搭扣，通常被加工成花卉、虫蝶及飞禽之状，多用于女服的领口；纽扣，交互而成的扣结，以清代的盘扣为典型。之后盘扣就作为门襟的主流闭合件，以其独特的装饰功能和实用功能而被国际服装领域认可为"中国元素"。旗袍的扣饰（本书指在旗袍中出现的闭合组件），因材质、结构、功能等不同分为盘扣、搭扣、按扣、拉链和金属纽扣。❶

其中盘扣是中国传统服装中特有的点缀物，因其分为纽头和纽襻两个部件，合为一副，又可称之为"套扣"。纽头是用布条编成疙瘩状，纽襻是用布条编成环圈形，将纽头套进纽襻就可以系住衣服了。其作用是约束与装饰，通常以布料为主，需手工制作，配以丝绳、金属、宝石等材料盘曲成各式花型图案，最常见的为一字扣。盘扣将斜裁布条缝合成细带状，再盘结而成不同花式，后缝制在衣襟上。民国时期盘花扣的造型空前丰富，成为民国服饰文化中不容忽视的一个亮点。张爱玲发表于1944年的小说《连环套》中对赛姆生太太（霓喜）的家有如下描述："正中的圆桌上铺着白累丝桌布，隔

---

❶ 李晓晔．旗袍局部装饰研究[D]．上海：东华大学，2016：34-39.

着蚌壳式的橙红镂空大碗，碗里放了一撮子揿纽与拆下来的软缎纽绊（即盘扣）。"把纽头和纽襻的尾部弯曲盘绕，按照自己的模拟和归纳，盘出精美的造型，盘花扣有单色、双色、实心、空心之分。双色扣是用双根纽襻条盘曲而成，但纽头和纽襻部分仍然是单色的。空心的盘花纽制作要求最高，有时为了精益求精，还用彩色的绸缎包上棉花，裹紧后嵌填在镂空之中，这种经过嵌填的盘花扣十分鲜艳美丽。旗袍简约优雅的格调与盘花扣的精致灵巧相得益彰，旗袍衣身的"简"与盘花扣的"繁"形成对比，而盘花扣的"型"与"色"往往又是参照旗袍衣身而来，这种对比融合的关系使得"盘花扣"被旗袍所"需要"。20世纪40年代中期起，旗袍的装饰开始更为简约，边饰、盘花扣甚至都被废弃，在风格上趋于平实。张爱玲在《更衣记》中提到"近年来最重要的变化是衣袖的废除（那似乎是极其艰难危险的工作，小心翼翼地，费了二十年的工夫方才完全剪去）。同时衣领矮了，袍身短了，装饰性质的镶绲也免了，改用盘花纽扣来代替，不久连纽扣也被捐弃了，改用嵌纽。总之，这笔账完全是减法——所有的点缀品，无论有用没用，一概剔去。"即便这样，盘扣也依然是较为主流的门襟闭合件，女装中的盘扣则变化较大，盘扣成为备受女性推崇的扣式，依托于旗袍，盘扣得到了空前的发展，在盘制方法和造型上极尽巧思，较清代更为丰富，甚至成为民国时期的一个印记（图4-19～图4-22）。

图4-19　民国女袍一字扣
（江南大学民间服饰传习馆藏）

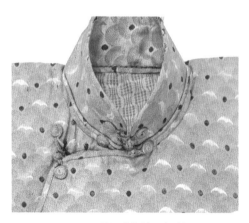

图4-20　民国旗袍单回盘香扣
（江南大学民间服饰传习馆藏）

图4-21　民国旗袍双回盘香扣　　　　　图4-22　民国旗袍盘扣
（江南大学民间服饰传习馆藏）　　　　（江南大学民间服饰传习馆藏）

二、旗袍的门襟

　　旗袍的门襟是旗袍衣身的闭合形式而产生的富有实用和装饰功能的部位，为旗袍造型布局的重要分割线和重要组成部分。旗袍门襟首先是便于穿脱，其次是相对独立，但同时与其他局部装饰协调，遵循了美观原则。[1]旗袍门襟一般为右衽，最经典的门襟样式为"厂"形和"S"形，一般从领部到腋下呈"厂"或"S"形，腋下直线至下摆，它的裁剪方式是我国传统服装裁剪方式的结晶，可以最大程度地节省面料。而弧线与直线的这种线条的组合形式，让整体廓型简洁的旗袍富有韵律，门襟中"S"形线条分割了领和左右袖画面结构，让穿着者隐约的身体弧线更显优雅。旗袍门襟种类多样，按式样分为单襟和双襟。旗袍门襟注重美观性表达，其门襟轮廓线造型丰富，单襟按形状分，有斜襟、直襟、圆襟、方襟、曲襟、琵琶襟等，双襟有八字襟和一字襟。早期，门襟轮廓线为方直的折线，随着旗袍的发展创新，轮廓线逐渐平顺，呈现各种形式的弧线。旗袍门襟常可在边缘装饰，凸显门襟式样，亦可不装饰，隐去门襟弧线效果，称这两种视觉呈现效果为明襟和暗襟。

　　其中单襟是旗袍门襟中最初的式样，也是使用比例最多的式样，单襟形制简洁干净，在线条中又可寻求变化，使得单襟有丰富的形状。其中可以分为斜襟、圆襟、曲襟、方襟、琵琶襟等。

---

❶ 李晓暐. 旗袍局部装饰研究[D]. 上海：东华大学，2016：34-39.

（一）单襟

1.斜襟

斜襟，即为从领部斜线直接到腋下的形态门襟。如图4-23所示，黎锦辉夫人徐来女士所着旗袍，其门襟为典型的斜襟旗袍，造型简洁，线条流畅，显得穿着者格外清新活泼。

2.圆襟

圆襟，是指从领部至腋下为圆形弧线的形态门襟。中国丝绸博物馆所藏的两件旗袍均为圆襟，图4-24为线形方格条纹散点印花面料，其领、袖、下摆和开衩处均有绲边和宕条作为边饰，即为突出圆襟的效果。图4-25，整件旗袍无边饰，其面料是模仿珠宝排列的方格纹样且色彩配色对比，配合面料省去边饰依旧丰富，门襟处为圆形弧线，裁剪对应图案，仿佛是无襟旗袍。

图4-23　黎锦辉夫人徐来
女士所着斜襟旗袍
（图片来源于网络）

图4-24　圆襟明襟暗红色绸地印花方格短袖旗袍
（中国丝绸博物馆藏）

图4-25　圆襟暗襟棋纹格花布长袖旗袍
（中国丝绸博物馆藏）

图4-26　方襟，《图画周刊》1929年

图4-27　曲襟，《上海画报》1930年

图4-28　曲襟，黑底格纹旗袍
（江南大学民间服饰传习馆藏）

3.方襟

方襟，是指从领部至腋下为近似方形，折线接近90°的形态门襟。1929年报《图画周刊》上刊登的李惠珍女士所着旗袍，其门襟式样即为方襟，如图4-26所示。

4.曲襟

曲襟，顾名思义是从领部至腋下为S曲线的形态门襟，其与圆襟形状均更加贴合人体造型。区别在于，圆襟的门襟轮廓线为圆弧状，而曲襟的门襟轮廓线为S形，变化即为S形状的变化。图4-27中该女士所着旗袍门襟为曲襟，门襟和领边的边饰上，等距排列缀有珠饰，曲襟装饰感凸显，其S形为等量弯曲且弧度较为平缓的轮廓。图4-28的曲襟装饰采用与面料同色系的素色缎，不及前者丰富，因此视觉效果上较弱，但依旧可以明显看出其门襟S形弧度近似垂直，属曲襟变化的另一例。

5.琵琶襟

琵琶襟，汉语词典中这样解释："清代便服前襟的一种样式。大襟只掩至胸前不到腋下；纽扣自大襟领口钉起到立边下方，排列较密。"清代琵琶襟是从领口折线后向下到腋下再折回至前中，多运用于上衣、马褂等。旗袍的琵琶襟，是清代旗衣的改良版，旗袍是衣身连体形制，从领部折线向下后再折线至腰、臀之间的位置后，再折向侧缝处，如图4-29所示。除单襟之外，还有双襟。

（二）双襟

1.八字襟

八字襟为从领部左右两侧为"八"字形至腋下的门襟形式。八字襟出现在20世纪30年代，盛行于30年代中后期至40年代，形式上更强调对称的美感，八字襟的轮廓线均为曲线，凸显女性的温柔婉约的优雅。八字襟更加强调装饰效果，因此为凸显八字襟，便会加以边饰。图4-30影星陆露明所着浅花色底旗袍加以深色素缎边饰门襟，凸显八字襟的曲线，与领、袖处边饰呼应，颇具构成感。图4-31旗袍八字襟边饰为对比色斜条纹宽边饰。图4-32为双曲线花边贴边装饰于八字襟处，与领、袖边饰呼应，运用方法显得更加灵动。图4-33巧妙

图4-29　双襟，《玲珑》
第3卷第1期

地运用面料印花，将其白色花边作为边饰，八字襟上无盘扣装饰，旗袍整体颇为协调。

2.一字襟

一字襟，即为从领部至腋下，左右两侧为"一"字形的门襟形式。其出现于20世纪30年代早期，后续演变，在旗袍门襟中出现的频率少于八字襟。一字襟的平行与盘扣的垂直，构成强烈对比，一般会以多枚盘扣装饰，颇具韵律与节奏感，如图4-34所示。

图4-30　八字襟1，
《玲珑》

图4-31　八字襟2，
《玲珑》

图4-32　八字襟1

图4-33　八字襟2

第四章　传统汉民族民间袍服的装饰艺术

（a）　　　　　　　（b）

图4-34　一字襟，黄柳霜　　　　图4-35　旗袍实物暗襟
（江南大学民间服饰传习馆藏）

　　同式样的门襟表达的装饰效果各不相同，如蜿蜒的圆襟比线条硬朗的曲襟更加切合人体造型，也更能展现女士曼妙的身线，凸显婀娜美。而暗襟虽无明襟繁复的装饰美感，但也有简洁精致之美（图4-35、表4-1）。

表4-1　旗袍实物暗襟结构对比分析
（江南大学民间服饰传习馆藏）

实物名称	实物图	暗襟结构	肩部破缝
杏粉色电力纺印花绸倒大袖旗袍			无破缝
蓝色阴丹士林旗袍			无破缝
深绿色八字襟旗袍			无破缝

实物名称	实物图	暗襟结构	肩部破缝
米白色素绉缎旗袍			肩部有省道
黑色蕾丝旗袍			无破缝
紫色博古纹旗袍			无破缝
粉白交织地提花小簇花旗袍			无破缝
蓝底团花男袍			无破缝
蓝色提花绸夹里女袍			无破缝
白色提花棉布夹里袍			无破缝

（a）

（b）

（c）

（d）

（e）

图4-36　旗袍实物立领细节
（江南大学民间服饰传习馆藏）

（三）其他

除了上述之外，大襟开合的方式也不相同。旗袍门襟开合方式，分为封尾型和开尾型。传统旗袍为开尾型，开尾型即是旗袍右门襟至开合处，开口至开衩。20世纪30年代以后为封尾型旗袍。1936年《玲珑》杂志刊发了《最新式的旗袍式样》一文对流行进行了描述：在衣着效果方面"我国旗袍的妙处，就妙在它的特别长度，将全身紧紧裹住，呈露出曲线之美"；在式样方面"最新式旗袍的制出，也略有变更。在从前颈部纽扣纽襻二至三档，自襟至摆再加十一至十三档，现在颈部纽扣仍旧，底下则大大不同，用揿扣七粒代替。故裁制方面，亦颇别致。襟特别斜，上面的衩，开到肘下一二寸之处，而下摆并不开衩。所以穿起来，不是像平常旗袍般先将手伸入袖子里去，然后扣纽。是要像裤子般的先将旗袍套上，然后把两只手伸到袖子里去，然后把揿扣揿好，便觉无缝天衣，熨贴非常"，如图4-36所示。《旗袍的旋律》中对应于该年度的描述是："1937年，物极必反，旗袍长度到了二十六年又向上回缩，袖长回缩的速度，更是惊人，普通在肩下两三吋，并且又盛行套穿，不再在右襟开缝了"。

三、其他细节装饰

1.立领的细节装饰

中国的袍服领式经历了交领、矩领、直领、盘领、圆领、立领等变化。明代万历年间，女子袍服上先出现了方形的立领，到清代演变为眉形的立领。立领露于领圈上，主要用于冬季御寒，喉间系盘扣成为旗袍典型的领型，即为立领的雏形。

旗袍的领花样百出，领子的高度先高后低。19世纪末20世纪初，上海流行起"元宝领"，领高可抵下巴，继而至耳，拢住下巴，美化了脸型五官。旗袍的领型由高到低，形成流行趋势，并慢慢向无领发展，女学生一般会选择无领旗袍，因为样式相对新颖、俏皮，引得社会上的其他女性也纷纷模仿。旗袍的领型有元宝领、圆领、方领、低领、风仙领等，款式有水滴领、V字领、连立领等样式。那时为了保证旗袍的领是挺立的，制衣师傅一般用浆糊对白布进行上浆，干后变硬放入领内，之后随着树脂衬的出现，领子的定型就方便多了，如图4-37所示。

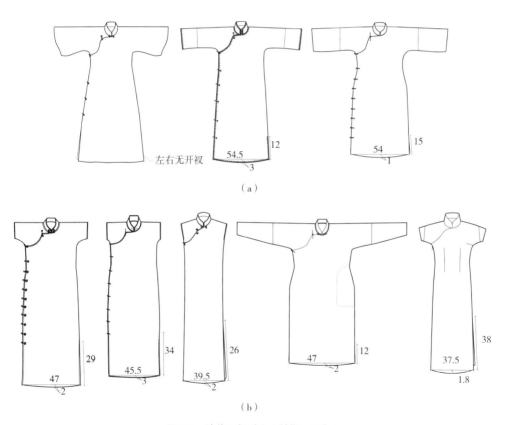

（a）

（b）

图4-37　旗袍开衩对比（单位：厘米）

2.开衩

旗袍的开衩即旗袍的下摆两侧开出不闭合衩口，最初为了方便行走而开，渐渐发展成开衩位置、高度的不同变化，成为兼具装饰效果的旗袍局部特征。

在开衩高度方面，20世纪20年代旗袍的开衩，处于刚开始尝试作为装饰效果的起步阶段，旗袍的开衩位置有创新的尝试，在旗袍前片有开衩。1927年，《旗袍的旋律》一文中提到女士想提高旗袍的高度，在下摆底部除了有用"蝴蝶褶"装饰来掩饰本意，这一年也开始使用宽花边来代替绲边和嵌线条。

20世纪30年代旗袍开衩的高度也随之从低到高，再从高到低回落。20世纪30年代初期，旗袍的开衩在膝盖左右，而后随着下摆的加长，衩反行之，开衩到膝盖以上。《旗袍的旋律》中对应于该年度的描述是："不但左襟开衩，连袖口也开起半尺长的大衩来，花边还继续盛行。"花边的装饰和旗袍开衩位置的提高，说明开衩已演变为装饰设计可创新部位。1934年，旗袍的开衩是开得最高的，可达大腿中上部，随之变化的是下摆至脚面，腰身收紧，衣领加高，袖子短小贴体。身长衩高的比例分割让旗袍开始有了强调全身曲线和腿部线条的重点。《旗袍的旋律》中的描述是："1934年，旗袍又加长了，而且衩也开得更高了，因为开衩的关系，里面又盛行了衬马甲，当时的旗袍还有一个重大的变迁，就是腰身做的极窄，更显出全身的曲线。"1935年旗袍的下摆近地，开到极致的衩缩短了不少，五六寸的开衩为尚，"开衩太高了，到了1935年又起反动，改穿低衩旗袍，旗袍的长度又发展到了顶点，简直连鞋子也看不见。"

1936年，衣长缩短，开衩高度提高，"因为对于行路不太方便，大势所趋，衣边又与袖长一起缩短，但是开的衩又提高了一寸多"。1937年旗袍的开衩大都到小腿中部。1938年以后，旗袍的审美转向方便、简单和美观。紧身和忽短忽长的开衩下摆已不再流行，之后开衩又变为旗袍中的匹配部分了，如图4-37所示。

开衩的内搭方面，20世纪30年代开衩长长短短，开衩露出腿部，为了避免直接的暴露，以及增加美感，时兴有精致镂花的细洁纯白麻纱衬马甲，阵风吹来时随裙裾轻轻飘起，如浪花闪现，时称"飞过海"。

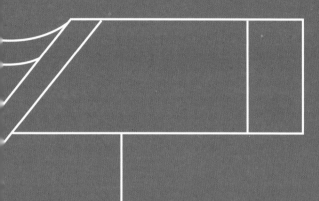

第五章

传统汉族民间袍服的文化内涵

臻美袍服

第一节　生活方式视域下汉族袍服中的适用功能

　　汉族袍服的适用功能有着相当复杂的社会背景，其体现在人们日常生活的方方面面，同时会针对不同社会状态、不同历史时期、不同社会阶层和不同职业的人而进行相应的转变，能间接或直接地反映人类的行为方式和对社会的态度。

　　随着社会的动荡与发展，汉族袍服也在不断地进步和适应。1898年康有为（1858-1927）奏稿《请断发易服改元折》提出："今机器之世，多机器则强，少器则弱……且夫立国之得失，在乎治法，在乎人心，诚不在乎服制也。然以数千年一统儒缓之中国，褒衣博带，长据雅步，而施之万竞争之世……诚非所宜矣。"改朝换代，服饰是最显著的变更。改元民国时期，易服势在必行，而在服制更替的进程中，男袍较稳定，无甚变化，这显然与民国初年男性仍占主导地位的因素有关，首先是由于男性在政治舞台上是当权者，服饰要体现其权威性，不宜任意改动；其次是男性在社会上支配生产和劳动，服饰只注重实用和简练，而女性初登上政治社会大舞台，对服饰变化会有所期待和要求。因此相较男性袍服而言，女性服饰的变革更具社会代表性，本章论汉族袍服的适用功能，就以生活方式视域下汉族女袍服的特征为主，以小见大展开阐述。

　　就服装的廓型而言，"中国一贯不赞成太瞩目的女人，对人体也持十分含蓄的态度。古代的美人，脸是主要的，削肩、平胸、细腰、窄臀、单薄的美人压在层层的衣衫底下。"旗袍从一开始强调所谓"严冷方正"，重服饰图案而不强调人体曲线，贯穿着"存天理灭人欲"磨灭个性的理学观念，有意识地以厚重的、宽大的衣服来遮掩女子婀娜的身姿。因此从清初的庄妃到末代皇后婉容一直穿着宽腰直身式造型的旗袍，在三百年间基本上没什么变化。在清末，旗袍以宽大为尚，多为平直线条，线条少，腋部收线不明显，衣长至足；在革命改元之后，由1912～1915年，妇女解放的意愿更盛，女装基本上是加以发挥清末的窄瘦的上衣下裙风格，清末女服虽说是"慕西服而为此"❶，但亦是配合时代需要，穿窄瘦衣服使行动自如，能投身各种社会活动。随着西方启蒙思想的传播、封建统治的崩溃和思想界对礼教的批判，人们的思想得到了极大解放，展现女性体态也能由矜持到外向再到大胆。从1920年代起，女士旗袍流行开来，服装渐渐露出曲线美。

翻开1920年代中后期创刊的《良友》画报，可以看到时尚女子们穿的各式各样的旗袍。这是由于在20世纪20～30年代，中国妇女（尤其是大城市的妇女群体）的生活包括家庭、婚姻、教育、衣着打扮、社交、运动、职业等各方面都展开了新的一页。这个时代的女性拥有更多自由去选择合意的生活模式。女性除了可以接受教育，与男生同校、入大学，甚至出洋读书外，还争取工作机会，社会开始有百货公司女售货员、茶楼酒家女招待、女性参政和任职于政府机关等，使妇女增加自主及经济能力。在社交活动上，妇女亦得到更大自由，她们可以上菜馆、吃西餐、唱歌、跳舞、骑马、旅游，甚至骑电单车、驾驶汽车等，体育运动变成了新女性的兴趣，而旗袍也广泛适用于社交活动中，如图5-1～图5-5所示。

图5-1　杭稚英《五子登科》　　　图5-2　杭稚英《高尔夫女郎》

图5-3　1932年《良友》第69期联华明星陈燕之马上英姿的照片　　图5-4　1935年《玲珑》第5卷第8期女性着旗袍骑自行车的照片　　图5-5　《图画时报》1935年第1043期陈萃芳女士照片

---

❶ 张爱玲. 住在衣服里面[M] // 张爱玲全集卷三. 合肥：安徽文艺出版社，2000：126.

第五章　传统汉族民间袍服的文化内涵

　　就服装的质料而言，传统服饰主要使用棉布作为制作原料，这种面料穿在身上十分舒适，价格也相对比较便宜，深受人们的喜爱。旗袍作为传统服饰，原料主要是丝绸，其原因主要有两个：第一，我国是丝绸的主要生产地，丝绸资源较为丰富；第二，丝绸具有柔软、华丽、高贵、舒适等优势，深受我国女性的喜爱。

　　到了20世纪20～30年代，旗袍的面料逐渐丰富。单色织物所占比例越来越大，白猫牌是当时很有名气的品牌，销售花布、凡立丁、泡泡纱、花洋纱和花府绸等面料，并强调面料具有"花样鲜艳，永不褪色"的品质，即由德国人发明的合成材料阴丹士林。这种面料日晒雨淋也永不褪色，并且耐洗耐用，它用国产布染成，而且价格低廉，因此穿着阴丹士林布做的衣服，也被视为"节俭爱国"的行为。在上海拍摄电影而名噪一时的香港明星陈云裳曾被邀请为阴丹士林布当广告女郎，她还在广告画上题字——"阴丹士林布是我最喜欢用的衣料"并签名。

　　阴丹士林布在旗袍中的运用广泛，适用于各类消费群体，有年轻、时髦的女性，有家庭孩童甚至学生群体，这充分体现了传统旗袍用料的高度适用性能。其中，最大的一类消费群体是年轻、时髦的女性，阴丹士林布与旗袍的结合使得旗袍更加完美，徐志摩就曾经对陆小曼说："我最喜欢你穿一袭清清爽爽的蓝布旗袍……"民国时期，一般说到蓝布旗袍，大多指的是阴丹士林布旗袍，190号青蓝色是阴丹士林布的经典颜色，鲜嫩而素雅，极受大众喜爱。

　　学生是阴丹士林布的又一大消费群体。许多文人雅士都在自己的作品里描述过关于民国时期的女学生对阴丹士林旗袍的热爱，如汪曾祺在《金岳霖先生》里面就写道："那时联大女生在蓝阴丹士林旗袍外面套一件红毛衣成了一种风气，穿蓝毛衣、黄毛衣的极少。"而著名女作家张爱玲在学生时代也曾经对阴丹士林蓝旗袍爱不释手。作家林海音在《蓝布褂儿》里头写道："竹布褂儿，黑裙子，北平的女学生……阴丹士林布出世以后，女学生更是如狂地喜爱它，它的颜色比其他布，更为鲜亮，穿一件阴丹士林大褂，令人觉得特别干净，平整。"

　　图5-6是宣传阴丹士林布的月份牌，图片上呈现的两个女子均穿着阴丹士林布制作的旗袍，细看之下可以分辨出两人身份的差别。图5-6（a）的女子有精致的烫发，佩戴贵重的玉镯，可以分辨出她的富家太太身份，她所穿着的旗袍装饰有黄色的蕾丝贴边和同样颜色夸张的花型盘扣，与深蓝的一身面料撞色，

非常抢眼，使原本应该朴素平淡的阴
丹士林布旗袍变得华丽起来，也恰到
好处地迎合了穿着者的身份；而图5-6
（b）月份牌上的女子略没过耳际的短
发没有任何装饰，拿着一本书，身边
一把雨伞，分明是一位有身份的知识
女性，她的旗袍没有过多装饰，除细
窄的绲边和颈前的几粒宝石扣之外没
有过多的装饰，很好的衬托出穿着者
含蓄低调的性格特点。由此可见，同
样的面料，通过不同的装饰物与工艺的

（a）　　　　　　　（b）

图5-6　阴丹士林布的月份牌广告

处理手法便能很好地诠释出穿着者的气质与身份，从而满足不同消费者的需求。

第二节　东方哲学视域下汉族袍服中的造物思想

　　中国服饰中蕴藏的深厚的文化内涵，具有兼容并蓄的特质，散发出文化
与时代融合的特色。台湾学者杨裕富于1998年《设计的文化基础》中提出可
以从三个层面来理解文化，将文化分为三个层次：文化深层结构、文化表层
结构、形而下的器物文化。文化深层结构包含的是一个社会的价值观、思维
方式等，文化表层结构包含了社会的生产方式、习俗、制度等，形而下的器
物文化则是人们生产的具体的物，即"器物文化"。人类创造的一切物质产品
都是按一定的价值观去制作使用的，所有的物态产品中都蕴含着文化价值观。
有人把器物称为文化留在它专属时空中的痕迹，器物也随着社会文化的进步
而改变。

　　器物的形式是以能够表达人的内心感受为前提的，器物的制作过程就是
造物，即"取材于自然，施之以人工而改变其形态与性能的过程。造物一方

面关系到人们对自然的取舍，另一方面关系到人们对生活的态度"。服饰造物的种类很多，由蚕丝变成面料，由面料制成衣服、衣服上的刺绣装饰、衣边的处理方式都属于造物的范畴。中国历代的文明进程是服饰变迁的动力所在。它与人们的日常生活、生产的需要相匹配，体现了一个完整的具有造物情感的价值观。和今天的商业模式不同，传统服饰最独特的价值，在于考虑到服饰的材质、制作、使用等所有环节，是一种人类创造"物"的创作模式。并思考人与造物、器物与社会、人与社会的关系。这也值得现代人借鉴，而不是一味迎合人的物质需求，过度生产而损害自然与社会资源。

传统服饰文化讲求内涵、意境、气韵，因而含蓄不外露，表现在款式上，即以服饰尽可能多地遮掩身体，而不像西方以显露人体为美的表现方式。而以表现内在的精神气质为美，并以服装来显示人的身份与修养，但求文雅、雍容、华贵，因而非常重视其质料、纹样与色彩的装饰性和寓意性，其突出了东方人温文儒雅与秀美矜持。

自先秦以来，我国造物观念主张以人为本、器物服务于人的观点，重视人与器物之间的关系。器物的产生和人的身体有关，应是身体构造、知觉及调节能力的延伸，以达到物的使用目的。

因此在造物方面也逐渐延伸出"审曲面势"的造物思想，"审曲面势"出自《周礼·考工记序》："国有六职，百工与居一焉……审曲面势，以饬五材，以辨民器"，是指工匠做器物，要仔细察看曲直，根据不同情况处理材料。表现出中国人与自然融通的造物观。在造物活动中，首先要选择材料，并对其加工处理，要考虑到材料的性质，它决定了所造之物的功能。这体现在衣缘方面，具体表现为对于材料选择与工艺合理性的考量。缘饰材料不能太脆弱，否则不耐磨；不能太硬，妨碍人的活动，由于缘饰是贴合服装轮廓的，除了纵向弯曲外，在横向上也需要能够弯曲，可以随领、袖、襟、有弧度的下摆衣边弯曲的程度作各种造型。为了使没有弹力的面料贴合于缘边，人们使用45°斜裁的布料进行镶边处理，这种方法直至今天还在服装制作中使用。所以只有适合人们在日常生活中的各种需要，才能够延续下来继续使用，并不断推陈出新。遵照材料的性能状态而加以利用，以最少的人力换取最大的功用，审曲面势是真正意义上的物尽其用，因材施工。即尊重自然，顺应自然，合乎自然，遵循自然的规律，强调人工因素的重要性。巧法与自然一起相互协调、作用，然后一体，适应自然，物尽其用。

汉族袍服的造物思想体现在重视衣服本身材质与质感，讲求设计的合理，追求外形的简易。传统服饰缝制之后线迹极少，如袍的缝合线仅有两条，从袖底经腋窝到身体两侧顺势而下，贯穿相连。当穿着于人体时，缝合的线迹被双臂掩盖，使服装最大程度地保持外形的单纯与合理。体现在服装缘边工艺中，传统服饰基于完全平面的直线裁剪，又使用飘逸的丝绸类材料，其质地轻薄，将其进行边缘处理不仅可以降低工艺难度，而且可以充分利用边角料，增加衣物的耐磨性、悬垂度，加强衣边牢度，集简单、节省、规范、定性、美观等多种功能于一体，使衣服穿着效果更加服帖合体。"物尽其用"是以人为中心来考虑设计的造物观。通过外观造型、尺寸，尽可能充分利用原材料的价值，使产品效用发挥最大效率。因此对缘边的处理上也表现出对耐用性的追求。

第三节　女性文化视域下汉族袍服中的审美风尚

一、民国时期的社会文化背景

民国作为我国历史上的重要变革时期，具有一定的历史特殊性，国内封建残余依然存在，而民主共和思想已经萌芽，加之西方先进文化的冲击，致使社会格局混乱，动荡不堪。这一时期的社会文化呈现出传统与现代思想观念并存、中西方文化相互碰撞与融合的特点，具体表现为：首先，民国时期处于封建社会向现代社会的过渡时期，封建残余与新兴民主势力共存。辛亥革命后，民主共和的观念得到普及，民国政府成立后颁布一系列新的法令法规，废除帝制，打破原有的封建等级制度，人民从三纲五常的封建思想中解放出来，出现剪辫易服的现象，民国政府废除了清时森严的服装等级制度，要求政府的各级官员必须穿用统一样式的制服，以示平等。1912年民国政府迁入北京后颁布了新的服饰制度——《服制》，其中对男女礼用服饰的具体形制做出明确规定，对女用常服的具体样式并未做出过多说明。服装制度的放

宽，使人们第一次获得穿衣自由的权利，这无疑是社会进步的表现，但由于当时社会局势动荡、政治文化发展尚未成熟等原因，导致这一时期出现特殊的乱穿衣现象。人们不知应如何选择合适自己身份的穿着，一些满族女子开始着汉服，女子服饰也开始向实用简洁的式样发展，但仍有部分守旧派坚持穿用旧式旗装以示政治立场，这种混乱的穿衣现象一直持续到1924年溥仪被逐出紫禁城后，以旗装、旗头和"花盆底"鞋为主要标志的旗女形象逐渐消失在人们的视野当中，转而被象征进步与革命的"文明新装"和受西方现代审美影响的改良旗袍所取代。❶

文化运动的兴起促进人们思想观念的转变，女性的地位得以提升。1915年的新文化运动提倡打破古代女子"以夫为纲"的封建思想，女性自我解放的意识得以提升，要求获得与男性同等的权利，从家庭闭塞的环境中走出来，获得接受教育、自由婚恋、工作及参与政治生活等方面的权利。社会角色的转换使这一时期女性的服装发生了天翻地覆的变化，知识和技能赋予女性独立生活的能力，女性出现在社会生活的各个领域，服装的式样和风格不再以男性的审美为标准，而是为满足不同行业的女性工作与生活需要而服务，在这一点上，改良旗袍具有明显优势：一方面，贴身合体的造型不会在女性从事工作和劳动中带来阻碍和不便，另一方面，改良旗袍的款式和装饰风格变化多样，能够满足不同行业女性的不同穿用需求，因此，改良旗袍成为这一时期女性最普遍的穿着。

此外，受外来文化因素的影响，人们的思想观念和审美标准发生了变化，中西方文化共存成为民国时期的最重要的时代特色。民国时期，欧美等国家在我国上海、香港等沿海城市设立租界区，将它们的文化与技术带入中国，这无疑是对我国传统文化的巨大冲击，但同时又加速了我国步入现代化的进程。改良旗袍作为中西方服饰文化融合的典范，它的流行是由以下三方面因素促成的：首先，西式女服简洁合体的造型更能满足女性日常工作与生活的需要，方便人体活动，更具实用性。其次，女性独立意识的提升使其渴望从僵硬的、陈旧的带有封建色彩的宽大袍服中解放出来，而西式女服对女性身体曲线的突出与强化迎合了这一时期女性的审美要求。最后，西方人对待着装的态度影响了中国女性穿衣观念，使她们形成追求时髦和流行的主动意识，

---

❶ 李雅靓. 民国时期旗袍缘饰的设计研究[D]. 北京：北京服装学院，2017：17-19.

这就是为何改良旗袍得以迅速流行并不断推陈出新的原因。

1. 20世纪10年代时尚女性服饰❶

辛亥革命之后，传统森严的冠服制度随着清朝的覆灭而被打破，人们重新获得穿衣自由的权利，各地兴起剪发易服之风，一部分满族妇女学着汉女袄衫的样子将长可掩足的旧式旗装裁短或直接改穿汉服，出现"大半旗装改汉装，宫袍裁作短衣裳"的现象。因此，20世纪10年代期间的旗袍基本与传统旗袍形制无甚差别，仍为大襟、立领、衣身造型宽大且平直，下摆两侧开衩，只是衣长变短，下半身配以裙、裤搭配穿着。

领型开始流行前高后低的"元宝领"，后逐步降回正常高度，袖肥渐窄，长度及腕。

2. 20世纪20年代时尚女性服饰❷

1919年"五四运动"爆发之后，随着一些学生留洋归来，西方先进的思想和服饰文化流入中国，女子穿起男式长袍以显示地位的平等，1929年民国政府颁布新的服装条例将旗袍定为国服。20世纪20年代初期出现在上海街头的旗袍仍旧延续传统旗袍的造型特征，呈肥大的倒喇叭廓型，长至脚踝。后来，为了表明与封建礼教势不两立的革命态度，将旗袍的袖子舍弃掉，成为无袖旗袍，长度略短于普通旗袍，里面搭配大袖短袄一起穿用。但这种样式的旗袍并没有流行多久，20世纪20年代末，旗袍变回有袖样式，袖呈倒喇叭形，衣身较之前略窄，称为倒大袖旗袍，是20世纪20年代最具代表性的旗袍样式。总体来说，20世纪20年代的旗袍是传统旗袍向改良旗袍转变的过渡时期，袖型和衣身有所收紧，下摆提高，整体造型趋向合体。

3. 20世纪30年代时尚女性服饰❸

民国女装的发展与30年代的时尚中心——上海之间的关系非常密切。"1931年的上海，人口超过315万，一跃成为仅次于伦敦、纽约、巴黎和柏林的第五大都市。繁荣的上海吸引了国内外无数的淘金者，同时，世界上最时髦的东西纷纷亮相上海。经过开埠之后的积累，西洋生活逐渐融进国人的市井生活，逐步形成了独树一帜的海派文化，并在相当时间范围内引领着中国

---

❶ 陈绪锐. 从《玲珑》杂志看民国三十年代女性的服饰审美[D]. 重庆：西南大学，2016：18-19.

❷ 陈绪锐. 从《玲珑》杂志看民国三十年代女性的服饰审美[D]. 重庆：西南大学，2016：18-19.

❸ 陈绪锐. 从《玲珑》杂志看民国三十年代女性的服饰审美[D]. 重庆：西南大学，2016：19-21.

的时尚生活。"20世纪30年代海禁开放以后，大量外国衣料从上海港口涌入中国。随之而来的服装纺织技术使国内服装业迅速发展，沿海很多城市纷纷出现了服装纺织厂。服装的装饰之风也盛行于世，民国服装的中心已经转移到上海了。上海的百货公司采用各式营销手段吸引民国女性消费进口时装，时装表演便是其中一种新兴的推销方式。此时，报刊业也格外繁荣，不少杂志还专门聘请画家设计新装，刊载时装画在服装专栏。比如，《玲珑》杂志就连载了四十多幅叶浅予的时装画。身居上海的女性受摩登的影响较大，从生活方式到服装打扮都与之前有很大不同。"欧美时装在流行三四个月后传入中国，总是先在上海出现并时兴起来。"上海女性的流行服饰更新速度很快，紧追全球时尚中心巴黎。

近代女性服饰的典型——旗袍，是20世纪20年代后期逐渐盛行起来的，到20世纪30年代时，旗袍已经取代上衣下裙"文明新装"而成为最普遍的服饰了。"这一时期的上海时髦女性服装越来越趋于刻意追求展示女性玲珑有致的曲线和美妙的身材，'奇装异服'时有所见。"

1927年北伐战争结束之后，相对稳定的社会环境使国民经济有所发展，西方制衣技术、材料及设备的引进推动国内服装业的繁荣发展，报刊、电影等文化输入产业的兴起使人们通过照片、时装画、月份牌及有声影像获取服装流行讯息，旗袍在全国范围内得以流行，这一时期我国旗袍的发展抵达巅峰，旗袍在款式结构和装饰风格等方面都发生了质的变化，改良旗袍的基本造型在这一时期确立下来，成为后世旗袍发展的基础和典范。20世纪30年代初期受西方短裙风潮影响，旗袍下摆提升至膝围线以上，衣身越来越紧，弃用传统束胸而改穿西式乳罩，胸部特征得到强化，曲线造型越发明显。因短旗袍不能作正规礼服使用，故而在其流行期间是与长旗袍并存的，后因适用范围小而逐渐被长旗袍取代。20世纪30年代中期受国内传统观念和欧美复古风潮的影响，开始流行长及地面的"扫地旗袍"，在当时的月份牌及《良友》画报上出现的穿着这种旗袍的女性形象，如图5-7所示。这种旗袍领型趋高以显示女子颀长的脖颈，多为短袖，出现袖口开衩的别致袖型，整体造型紧身而修长，加之两侧高开的衣衩将东方女子婀娜又含蓄的气质表达到极致。20世纪30年代的旗袍流行的样式变化更新的频率很高，主要体现在旗袍的领型、袖型以及衣摆和开衩的高度上，从整体上看，20世纪

30年代旗袍最重要的变化是彻底完成平面造型向立体造型的过渡，尤其是20世纪30年代末融入西方的省道技术之后，女性胸腰臀之间的差量得到最大化体现，标志旗袍的造型意识彻底西化。1937年抗日战争爆发后，国内物资匮乏，女性逐步投身抗战行列，要求服装必须满足日常活动所需，故而旗袍长长的下摆又一次被裁掉，缩短至小腿中间位置，领高下降至4～5厘米，类似中式立领式样，袖无太大变化，整体结构融入西方省道技术，改良旗袍的基础造型确立下来。

图5-7　杭稚英双妹（香港广生行化妆品）1937年
（图片来自网络）

民国女性拥有比以往更多样的装饰品，如项链、耳环、手表、手镯、围巾等，再配上皮包、皮鞋、烫发、化妆、涂指甲等入时装扮，使民国女性的着装造型华丽而精美。除旗袍以外，西式连衣裙、西式外套、大衣、衫袄、长短裤、毛线衣、马甲、运动服、泳装、婚纱等都是20世纪30年代的流行服装。直至1937年抗日战争的全面爆发，民国女装开始少有装饰，风格也变得朴素、简约了。

4. 20世纪40年代时尚女性服饰

20世纪40年代的中国处于战火不断、风雨飘摇的战乱时期，物资严重匮乏，为节省用料，旗袍延续20世纪30年代末期短款旗袍的造型特点，继续向简洁、实用的方向发展，旗袍的衣领渐矮，袖型变窄，进而出现低领、无袖的款式，下摆缩短至膝围线且开衩很高。

整体造型简洁而合体，能够充分满足当时女性对服装实用性的要求。总体来说，民国时期旗袍造型的演变是在国内政治经济形势的发展和西方流行趋势的更替这两种因素的共同作用下进行的，这一时期的旗袍展示出前所未有的包容力和适应性。

二、民国女性的服饰审美观

服饰的审美观念与时代文化有着密切的关系，中国古代服饰历经几千年的缓慢演进，没有发生本质变化的原因在于儒家思想的根深蒂固和封建王朝的长期统治。"晚清时，面对中西文化取与舍的问题，坚守封建制度和儒学纲常，成为统治者和顽固派的最后防线。服饰制度就是这道防线中的重要组成部分，直到清廷被推翻为止，这一制度基本上没有动摇。"❶

真正将服饰与政治分离是在推翻清廷之后，建立之初的民国，其废除了满族习俗，推行服饰平等政策。这也是民国服饰审美观念变化的政治准备。从此，作为儒家"礼"和等级制度的传统服饰失去了政治制度的支撑。民国服饰不再是封建政治意识形态的表现方式了，相反，它成为反对传统文化的表现方式。"任何社会中服装和文化的变化都是同步的，只是当这些变化是通过进化而不是通过革命来完成的时候，人们很少注意罢了。技术、政治、社会和经济的发展都会对相应的文化产生持久的影响，这种变化明显地可以从人们的穿着上反映出来。"诚然，"近代以来提倡个性解放，崇尚自由、自主、自然的思想解放潮流，冲击着传统的审美观，妇女运动也在其中起了催化作用。一时间，崇尚身体健美和着装体现人体自然曲线，成为不少人新的审美观念。这是大众现代审美时尚不断生长的结果，是推动服装变革的深层背景和最主要的动力"。服饰随着新的审美观念而加速更新，成为国民生活最显著的变化之一，它引起了社会的广泛关注和热切讨论。

民国的头20年，服装出现了中西土洋混杂的局面。从传世照可以看见很多穿着西服和穿着长袍的男人出现在同一张照片上。女装在这时期也是中西并存，西式套裙逐渐取代传统片状裙，最终在20世纪20年代初富含西式风格的"文明新装"在中国开始流行。20世纪30年代后期，经过中西服饰的较量，改良旗袍和西式服装广为流行。"从服饰的整体观念上来看，在任何特定的文化格局内部，服饰的隐喻规则实质上都是社会文化规则的延伸。服饰的推广、转移和更新，都不仅出自生存的目的，出自审美的需求，还出自服饰背后深层的互动的文化基因。"❷"文化基因"在民国是由新文化运动带来的以西学为主的文化理念——"德先生"和"赛先生"奠定的基础。它们出现的背景是国

❶ 陈绪锐. 从《玲珑》杂志看民国三十年代女性的服饰审美[D]. 重庆：西南大学，2016：12.

❷ 张荣国. 服饰：一种隐喻的表述[J]. 辽宁大学学报（社会科学版），1999（1）：3-5.

民在获得政治方向后，却失去了文化方向，中国人不知道该信什么、学什么、看什么、穿什么，甚至吃什么。

在国民迫切需要新的指导时，报刊业出现了。这些报纸杂志在很大程度上都充当了引导国民新生活的宣传媒介，直接或间接地告诉读者作为新社会的国民，应该做什么和不应该做什么。"'应该'一词表达了一种价值，因为它暗示对某种相对价值作出判断。"当然这种价值判断并非总是一致的，人们的新旧观念冲突使他们的审美价值判断也常常相悖。虽然"作为文化现象，价值和目标是不能被直接观察的，但是，从人们做出的选择中可以确认，他们注意这一些事物而忽略那一些事物，认为某些事物重要或不重要，某些行为值得赞许或值得批评。在这种情况下，衣着反映了人们所特有的价值观"。❶

《玲珑》杂志的服饰评论文章显示出，尽管到了20世纪30年代，社会对女性摩登服饰还是持有不同的价值判断，有时甚至被政府干预。比如，"北洋时期，政府曾以维持所谓的社会风化为由，公开干涉妇女的穿戴……上海也有议员提出《取缔妇女妖服之呈请》……韩复榘任山东主席时为此特发布过严禁奇装异服的命令"。❷民国女性在社会舆论、政府干预的影响下，陷入了中西审美判断的矛盾。与审美观念同时变化的乃是民国女性不断提升社会地位的过程。民国妇女地位要是没有改变，时装也就不可能出现了。"西方社会也是这样，妇女通过经济独立、教育和热衷体育运动来提高社会地位，而解放的时装自然为其先兆。"民国女性在解放自己的服饰上有一个审美选择的过程，她们有意无意地"寻求一种既符合她们新的被解放的身份，又不至于背离传统太远的中国式的混合服装"。终于在20世纪30年代"获得了一种代表这个时代重要价值的基本服式，一种杰出的富有特色的民族服装，既符合时尚又尊重民族特性，它象征着中国妇女的积极而进步的生活方式"，它就是旗袍。旗袍成为经典，也意味着民国女性对服饰的审美趋于稳定一致，即中西兼容，中式为体，西式为形。旗袍在20世纪30年代后期经过改良定型，最终成为民国女性服饰的典范。有人认为，旗袍在20世纪30年代广为流行的根本动力是形式外观的审美特征。这个观点忽略了民国女性审美观念的转变需要 个不断尝试、选择和让步的过程。不然，为何在民国女性的眼中最美的是旗袍，

❶ 玛里琳·霍恩. 服饰: 人的第二皮肤[M]. 乐竟泓, 杨治良, 等, 译. 上海: 上海人民出版社, 1991: 92.
❷ 李蓉. 中国近代身体研究读本[M]. 北京: 北京大学出版社, 2014: 166.

而不是其他中式或西式服装呢？

　　根据民国女装的总体特点来看，民国女性经历了几种观念的转变。首先是基于社会政治的变革，民国女性才得以突破传统"理学"思想代表的古代女装，一改以往遮体宽松的服装风格——大胆尝试低领、无袖和短裙，比以往任何时候都关注身体是否婀娜或健美。然后，民国女性追求服饰品类和设计风格的多样化，没了身份、等级贵贱之分，任何爱打扮的女子都可穿着不同色彩、图案和类型的服饰。最后依赖服装业、电影业、报刊业，还有摄影技术的发展，使民国女性不仅能欣赏明星、名媛等时髦女性的穿着打扮，还可以公开展示自己的玉照供别人观看。《玲珑》杂志影响民国女性审美最直接的方式应该是刊登大量中西方明星名媛的服饰（身体）照片和介绍摩登生活方式的文章。同时鼓励民国女性公开发表自己的照片和对服饰现象的看法。前者为民国女性提供了绝佳的审美对象，后者为民国女性打开了探索自我的空间。

三、《玲珑》中改良旗袍改观民国女性服饰外貌

　　辛亥革命之后，礼制瓦解使得衣冠之制的等级差别也遭到取缔。"传统人物佳丽的思想提出主要是对不逾礼制的干预，而民国时则完全是出自人为贵的人文主义情怀"。❶改良旗袍就充分体现了人本思想，"开省收腰，表现体态"这一形象除了人本思想外，更符合了生理感受，对中国女性的人体与行为的表现上，与现代人体学相互呼应。张竞生也曾言："美的服装不是表示在衣上，而是能够衬托出穿者美丽的身材"。《玲珑》办刊的元年，正是改良旗袍发展成型时期，这一点在《玲珑》的内容中得以体现，当然这段时间正是国内整体服饰发展的时期。且改良旗袍与此时期的其他女性服装而言，在服饰的价值核心上也具有统一性，呈现与之前不同之貌，以下将从形制、纹样、色彩、面料四个方面加以论述。

　　第一，形制的实用性，摆脱服饰等级制。传统的贵族女装以大、宽、长来彰显它的尊贵与威严，且保证身体的绝对私密性是其另一大重要之处，因此呈现被体深邃的古老样式。就连沈从文先生也曾说："宽衣博带曾是统治阶级不劳而获过寄生生活的男女尊贵象征。"而自改良旗袍的发展，此种现象在民国女性服饰中已不复存在，从《玲珑》中所呈现的女性着装形象中可看出，此时的女装主张短小、紧窄、方便，同改良旗袍一样，上下适体，长过小腿，

❶ 李欧梵. 上海摩登——一种新都市文化在中国（1930-1945）[M]. 北京：人民文学出版社，2010：75.

曲线简洁而曼妙，与昔日复杂的服装构成有对比，从工艺制作、礼仪程序、穿着数量上都有着明显的变化；呈现活泼质朴的平易的日常性。当然，虽各阶层的女性穿衣风格仍有一定区别，但其主要原因不是因封建等级之差，而是因其消费水平、社交范围、个人嗜好而有所区分。

第二，纹样装饰的朴素性。过去的服饰装饰纹样不仅精致复杂，还极为强调等级差异，不同的等级在花纹的使用上皆有差别，最显明的例子便是朝廷官员的补子图案，且其夫人纹样亦随夫品级而定。而至民国初期后，女装的纹样渐少，纹样的等级形制也完全消失，且自"文明新装"出现后，这种无饰为尚的装饰观念更为普及。当然，这一时期的女装并非都绝对没有纹饰，只是因20世纪30年代上海西风之盛，整体呈现简洁、淡雅、多元的装饰特点。《玲珑》中的改良旗袍是这方面的一个最好的例证，此年间的旗袍衣料虽素色与花色相互争鸣，但花色中的图案也较为雅致清新，不再具有统治者的权威本色，而体现的仅是生活之平常，少女之清纯。

第三，服饰用色的自由性。不同于历史上服饰用色的天尊地卑、伦常有序，民国时期的女子服饰用色全无设限，早已超出儒家思想圈定的范围。但因在简约实用的思想引导下，女子服饰仍用素朴清丽的黑色、白色或是间色调，《玲珑》的改良旗袍形象中大部分女性选用浅色调或深灰色调，连婚礼的服饰也由红转白，再也不似古代礼服那般色彩浓烈。此时的女性服装已彻底摆脱了等级制度与政治、伦理的干预，充分发挥着纯粹感性的审美冲动，另外，颜色的质朴这一点也在一定程度上反映出其背后有否定礼俗的民族性为之做思想支撑。

第四，面料使用的无限性。《玲珑》中的改良旗袍有绫罗绸缎、粗布麻衣，亦有机器制造的化纤面料，此时的女装面料因其式样的改变而改变，呈现面料使用多样化；传统面料依旧使用，但质朴、平实、造价合理使此时的工业生产的面料拥有广泛的受众。同时进口的毛呢、雪纺、纱类也广泛出现在此时女性服饰之中。面料的印花图案也倾向花草、几何变形纹为多，动物纹减少；形式也由具象演变到抽象，更具现代性。此时的面料已无过去的等级阶级寓意，更为大众平民化，具有与之相应的民主的思想色彩。

四、女性意识的符号

此时的女性服饰不仅从外观上有所改变，其服饰的内核也有了不同的意义，虽20世纪30年代的女性服饰因几千年的封建伦理对女性意识的禁锢，且依旧渗透使女性仍受无形的道德约束。传统服饰源于儒家和社会规约的思想，且在后来的时期确立了两性服饰相异性；袍服类别的上下连属的一截穿衣代表男性，而上衣下裳的两截穿衣象征着女性。至改良旗袍的出现后，女装几乎没有明显的两性区别，且民主平等的思想使服饰更讲究打破旧念从而达到两性平等的境地，那时的传世照片中还曾出现不少女扮男装的现象。张爱玲在《更衣记》中也曾写道，"一九二一年，女人穿上了长袍。五族共和之后，全国妇女突然一致采用旗袍，倒不是为了效忠于清朝，提倡复明运动，而是因为女子蓄意要模仿男子。在中国，自古以来女人的代名词是络梳头，两截穿衣。一截穿衣与两截穿衣是很细微的区别，似乎没有什么不公平之处，可是一九二〇年的女人很容易地就多了也。她们初受西方文化的熏陶醉也于男女平权之说，可是四周的实际情形与理想相差太远了，羞愤之下，她们排斥女性化的一切，恨不得将女人的根性斩尽杀绝。"此时的女性尽显革新精神，主张摆正性别的天巧；所以在此时男性着袍服或裤装之时，女性除西式裙装外，选择袍服的穿着以示两性之间平等的人格价值。此外，此时的袍服也不是传统文化中"衣着隐也，裳着障也"的藏而不露的审美倾向，而是受到西方吹拂与女性意识觉醒后呈现既不掩盖形体又不躯体毕现的彰显东方女性魅力的独特美学。

李欧梵在《上海摩登》中写道："从《玲珑》杂志的范例看来，那些亮丽的好莱坞影星照无一例外地展现着对身体的狂热崇拜，她们浓妆艳抹的脸庞，半遮半掩的身体以及最经常裸露的双腿，相比之下，中国著名影星像胡蝶、阮玲玉等的照片除了露着双臂之外，身体都藏在长长的旗袍里。这种根本性的区别表达了一种不同的女性美学。"此种不同的女性美学是东方的独特的性感，且仅在改良旗袍中表现得淋漓尽致：衣长及地，衣领的升高，手臂的裸露也渐隐渐显，衣身合体而两侧开衩提升，双腿在其走动时随衣若隐若现，有种欲拒还迎、"犹抱琵琶半遮面"之美。此时的改良旗袍不仅只是一件衣服，在恰逢西风思潮吹进、都市女性的女权运动暗潮涌动的中国，其意义有如女性对男女平权的呼喊，它犹如一个能够折射近代上海人身受传统与现代观念激烈碰撞的服饰符号，而其穿着者也并非只是随意的选择，她不只是一位身着改良旗袍的女性，其在当时的社会环境中也成为一个符号，代表的是那些外在摩登且内赋学识的、受过良好教育、爱国进取自信的新女性的形象，当然，这一符号就是《玲珑》所传播与塑造的新女性形象。在民国社会大变革

时期，女性服装的理论意义甚至比其在实际生活中的使用性更具有意义。❶

五、女性服饰突破社会阶级

除地域特征丰富了民国女性服饰外，妇女在社会阶级上的突破和拥有渐多的职业岗位更增加了女性服饰变化。

在过去的封建社会，衣冠服饰都有一定的制度，代表一定的身份和地位，不能随意变动，而且阶级分明，不可乱越界，具有恒久不变的稳定性——服饰不变，社会也不变。民国建立之后，西方文化如潮水涌入，西方衣着的时髦观念影响着沿海的都会男女，传统服装墨守成规的作风早已消失，大都会的一切事物在急剧地变化。

服饰从不变到变，其流向的规律基本上是两种："横向"和"纵向"。"横向"地域性的，由大城市向四周辐射，"纵向"就是阶级性的，由上层阶级影响到下层阶级。在封建时代，这种服饰的"垂直运动"尤其显著。因皇族和贵族妇女拥有了雄厚的物力、财力和人力，为服饰设计而穷尽心智，身上所穿成为瞩目的对象令中下层阶级妇女羡慕之极。而中下层阶级妇女由于封建阶级分明和欠缺财力，就算学习，只是一鳞半爪，东施效颦罢了。

第四节　文明互鉴视域下汉族袍服中的民族文化

一、旗袍之辨

袍服经历数千年的演变诞生了新时代的符号——旗袍，而历史上曾对旗袍一词提出质疑与争辩。受清朝旗袍影响，从民国至今开始将女袍统称为旗袍，受当时环境影响，一般人都知道清朝的旗人妇女有其特有的旗袍，而误认为汉人妇女只服裙装，不同于旗人。于是今人皆曰裙是汉人妇女的服装，

---

❶ 黄梓桐.《玲珑图画杂志》中的改良旗袍研究[D]. 北京：中央民族大学，2017：106-109.

却不知两三千年来中国的妇女本是袍、裙兼施，以袍形长衣为传统的礼服，但因时代变迁，便有袍、裙夹杂的纠葛，亟待澄清。

二、中西方文化交流

文化是人类物质财富和精神财富的总和，是人类世界与自然世界相区别的因素。设计文化是人类用艺术的方式造物的文化。设计文化所体现的物质文明与精神文明的综合存在，最能深刻地反映人在文化中的创造性和能动性。就丝绸旗袍纹饰设计而言，它是一种造物的文化，是人类用艺术的方式造物的过程。中国传统的丝绸纹饰设计，在漫长的手工业为生产手段的年代，艺人们师徒相承，口传心授，直接从事制作，虽然不在纸上打样，却像作家打"腹稿"一样，有"意匠—设计—图案"这个过程。而且设计和制作没有明确的分工，多是统一在一个人手上。19世纪下半叶，欧洲工业革命的成果，使机器生产的大量廉价日用品流入每个家庭，家庭手工艺则遭遇瓦解。

20世纪初，在新文化运动的未雨绸缪中，打开国门开始了解西方工业文明，科学合理的加工工艺使得旗袍装饰花纹简约现代、造型端庄秀丽，旗袍外形线条流畅、匀称、健美，更加烘托出东方女性体态的曲线美。旗袍面料的选择很有考究，不同纹饰的面料风格和韵味是截然不同的。抽象几何形面料能显示雅致的气质；采用织锦缎制作旗袍则透露出典雅迷人的东方情调；优质丝绸、特别的花纹更有大家闺秀温文尔雅的韵味，特别是作为礼服和节日服的旗袍，其色泽与面料要求艳丽而不轻浮，漂亮而不失庄重，给人典雅、名贵、高级之感。

对于设计来说，思想方法和设计方法无疑是极为重要的。受西方文化的影响，旗袍在设计构思上更为巧妙，结构更加严谨，造型质朴而大方，线条简练而优美。旗袍面料纹饰设计也摆脱单一花哨的表现形式，内容更加丰富多样，既有中国传统装饰风格的体现，又有西方简约现代风貌的踪影，两种文化在民国旗袍的装饰上相互影响、交流、整合、传播。❶

三、包容、开放的意识与海纳百川

毋需讳言，"上海作为近代中国最早开埠的城市之一，它以海纳百川的姿态接纳国内不同区域的文化，同样也接受来自西方的先进思想和理念，成为

---

❶ 徐宾. 民国丝绸旗袍图案纹样装饰艺术研究[D]. 苏州：苏州大学，2016：26-28.

追求摩登时尚的国际先锋舞台"❶ "上海是中国近现代工业的发祥地。到20世纪30年代，上海工业已占全国半壁江山。据1933年统计，上海工厂数量占全国12个大城市工厂总数的36%，而资本总额占12个大城市总数的60%，生产净值占全国总产值的66%。此时的上海，不仅是中国第一大商埠，最繁华的经济贸易中心，而且是与巴黎并称的世界广告文化中心之一"。"旧上海发达的广告业也是旧中国广告业繁荣的缩影"。20世纪上半叶中国服装时尚的中心在上海，上海"摩登"的一切都会波及全国的大小城市及乡镇。旗袍不管是不是产生于上海，但一定是发展在上海，辉煌于上海。旗袍从它的产生之日起，就显示出它混血的文化特质和开放、创新的属性，并在发展中进一步突显出这种属性。如果从海派文化延伸至近代上海的服饰来看的话，其特点可以用一字蔽之，这个字就是"杂"。就是中国的，外国的，本地的，海内外的，五湖四海的，里面都兼而有之。只不过有的是显性的，有的是隐喻的，有的可能只是某种文化的影子。近代服饰的发展能够超越历史上任何时期，其特点就在于它是"一个永远在取舍中流动过程，它是在'杂'的基础上不断变化，变出种种时髦、新奇、漂亮来"。从周慕桥时代传统古典仕女的羞花闭月，到郑曼陀时代执卷女生的清新淡雅，再到杭稚英时代旗袍佳丽的时尚艳俗，月份牌中女性服饰的这种转变，也从另一个角度充分体现了海派文化、海派服饰以及近代旗袍的开放意识，以及接受新观念、不断尝试新事物的勇气。对于旗袍及面料研究来说，需要重点关注的是通过这些广告绘画的手段真实反映的旗袍及面料，以及包容和开放意识下的种种变化过程及原因。从晚清女性衣着面料以厚实的锦缎为主，层层叠叠、不露肌肤的穿着方式，到20世纪30年代以后，追求薄、露、透的衣着时尚，对于这种变化的过程，一般研究者比较关注款式、形态的发展，其实在近代短短几十年间的服饰面料也以其特殊的方式，显著地体现了近代时尚开放及不断拓展的轨迹。不管是在近代文献的记载中，还是在传世的旗袍面料中，从中国传统的丝绸、染色布到西方进口的时尚印花、提花面料；从厚实凝重的毛呢到轻薄如羽"玻璃纱"，几乎任何面料都被近代女性们大胆地运用在旗袍之上，同时也被月份牌画家们关注和体现在作品图像之中。从某种角度说，这些图像足以构成一部非文本的近代服装史或近代服饰面料发展史。

---

❶ 陈洁. 从上海月份牌解读近代中国社会文化的变迁与发展[J]. 湖南师范大学学报，2011：39.

　　旗袍及织物纹样上表现出的海派文化"开放与海纳百川"的特点，可归纳为以下几个方面：一是从本质上说近代旗袍及织物并非完全在清末传统袍服基础上纵向延续产生的，而是在外来文化全方位渗透、冲击和碰撞中横向发展的结果，"文明新装"及织物上体现的中西文化交融应该是旗袍发展的铺垫与前奏。罗苏文女士从历史学的角度也明确提出："女装、西装进入市民消费市场，是女装变革的前奏"。清末后，西方服饰文明开始从产品的进口对中国产生横向的影响，并与中国纵向传承的服饰文化一起，并列成为中国近代服饰变革的推动力，但西方服饰的影响是推动织物设计变革的主流；二是近代旗袍在发展过程中不断吸收西方女装的特点，包括裁剪、制作工艺、面料、辅料等，直接影响了中国近代女性的服饰习惯和服饰价值取向。同样，在织物的设计观念、设计方法方面，一般认为"观念"都是通过著作、理论进行传播的，但就中国近代的设计观念而言，还有一条经常被忽视的传播途径，就是西方的设计观念首先是随着技术、原料、产品的转移而引发的传播。由于西方工业产品和技术的引进，解决了国内消费者在功能和时尚上的诸多问题，进而体会到产品设计的"妙处"，产品首先成为"设计观念""新思想"传播的载体，也成为中国本土设计师和企业家了解西方设计和产品最直观的"教科书"；三是在服饰的穿着配合上，西方的大衣、毛线衣、围巾等都成为旗袍的绝佳搭配，西方服饰文化的影响已深入到服饰生活的各个方面。各种服饰设计的方法、途径毫无疑问地也会影响织物设计。

　　在包容、开放的意识下，旗袍及旗袍织物的变迁无疑还显现出一种从被动接受到主动变革的趋势以及多元化的特点。近代前期，满汉文化交错，中西文化共存，在服饰上已呈现出奇葩绽放，争奇斗艳的多元特征，这种变化既满足了当时女性在打破服饰禁锢后求变的心态，顺应了社会发展，亦促使中国女装开始呈现出国际化和现代化结合的多元特征。如果从月份牌图像的角度来考察旗袍及织物的早期时尚，不难发现尽管它们具有部分中国传统服装的款式特征，但绝非清代袍服的嫡生，旗袍从酝酿到风行的发展之中，每个环节都可以找到西化的烙印。1916年旗袍的风尚还未真正形成，但此时的月份牌的服装上半身已完全具有了近代旗袍形态，而下摆却是典型的西式连衣裙的款式，可谓是不折不扣的中西合璧的产物，而大圆点的抽象印花织物的设计则完全来源于西方。因而，不得不说月份牌是旗袍产生和发展过程中受到西方服饰影响的绝好例证之一。再从前面也可看出，"风行之初的旗袍及织物都是中式表观下的西化体现，其中传统服装文化的外观承袭，早在西风吹拂下产生了变异"。❶而在20世纪30年代中后期从单片衣料的衣袖连裁，到肩缝和装袖的出现；从传统廓型的A型、H型向西式S型的演变；从无省到腰省、胸省的应用，这些变化不仅是缝纫技术上由传统平面裁剪向西方立体服装造型的转变，也是旗袍织物设计从传统窄幅转化为近代宽幅的转变。

四、装饰纹样社会等级的淡化

20世纪初，中国政坛风起云涌，辛亥革命推翻清朝，建立民国。易服色、剪长辫，摧枯拉朽地把延续两千年的封建冠服制度送进了历史的长河，这一切为新式旗袍的诞生创造了条件。伴随而来的是思想解放和女权运动，旧的观念体系已被打破，新的观念在尝试中开始形成。满族旗人之袍等级分明，而民国旗袍则已走上了平民化的道路。旗袍的装饰纹样作为等级身份的标识，随着民国的建立逐渐淡化，更多的显示个人的消费水准和审美情趣。清代服饰的规定条文众多，对官服的色彩、质地、花纹、装饰都有严格的区别。此外还有其他一些服饰禁令，如凡五爪龙缎官民均不得服用，如有持有者，亦应挑去一爪使用；八品下官员不得服黄色、香色、米色；奴仆、伶人、皂隶不许穿花素各色锦缎。民国旗袍的生存环境相对就比较宽松，服装纹饰整体摆脱了封建制度的束缚，工业文明的影响使得巧别尊卑、等级贵贱的陈规陋习开始受到冲刷，旗袍服饰呈现出独特的时代特色。❷

五、汉族袍服的文化传承

首先，汉族袍服礼俗文化方面的传承。汉族袍服礼俗文化是一脉相承的，尤其作为礼服的这一文化功能，自东汉永平二年，国家以法律的形式确立了袍作为礼服的这一文化功能开始，以后的历朝历代袍服一直传承延续着这一功能，这其中又以大礼服尤为突出，一直延续了上下分裁再缝合的形式，以象征对黄帝垂衣裳而治天下的正统传承，唐代初年的襕袍就是在这种礼俗文化的背景下产生的，所以一部中国袍服史就是半部中国礼服发展史。

其次，汉族袍服技术文化方面的传承。汉族袍服从技术文化上看传统的十

---

❶ 卞向阳. 论旗袍的流行起源[J]. 装饰，2003（11）：1.

❷ 徐宾. 民国丝绸旗袍图案纹样装饰艺术研究 [D]. 苏州：苏州大学，2016：26-28.

字剪裁法这一独特的技术以及缝纫方式自先秦时期到民国都是一脉相承的，其剪裁方式既符合东方人的体型轮廓又符合东方文化中的俭以养德、畏天敬人等传统思想。袍服的制作技艺涵盖了绝大多数中华民族服装制作的技艺，所以中国袍服史不仅是中国的礼服发展史，更是一部中国传统服装的技术发展史。

再次，汉族袍服艺术文化方面的传承。汉族袍服被体深邃、雍容华贵的艺术审美从产生之初就深受上到贵族阶层下至黎民百姓的喜爱，虽然历朝历代袍服流行的主要形制一直在发生着变化，但是其被体深邃、庄重的审美传承下来，中国绝大多数的丝绸染织装饰技艺也都被运用在了历朝历代的袍服之上，所以将各个朝代的袍服总结来看，不仅仅是一部中华民族的民族融合史，更是一部中华民族的艺术文化发展史。

最后，汉族袍服制度文化方面的传承。自黄帝垂衣裳而治天下开始，中国就有了自己的一套服装制度，这一套制度随着时间的推移发展地越来越完善，我国的历代正史中也大都会有一篇专门记载历代乘车和穿衣制度的《舆服志》，这说明在古代社会乘车和穿衣制度是国家最重要的制度之一，是国家重要的统治工具及文化传承，中国的袍服发展史也是中国服装制度文化传承史的重要组成部分。

就袍服的演变过程看，袍服的演变史就是一部民族的融合史、文化的交融史，北朝后期流行的袍服的圆领就是受北方少数民族影响而产生的，袖子从宽松到紧窄更是少数民族和汉族服饰文化相互影响的结果，衣身从宽舒到紧身适体更是因受到西洋文化的影响而形成的，总体而言，中国袍服的演变就像中国民族的演变一样，是汉族不断与周边少数民族交融的结果，这是一个基本的事实，传统的袍服演变基本是以汉族主流袍服款式为主，吸收其他民族好的元素而成。❶

中国的袍服有着悠久的历史和深厚的文化，绵延相传数千年而经久不衰，具有非常强大的生命力。历史上，中国的袍服一直是周边各个国家民族所向往的珍品，对其他民族服装的发展有极其深远的影响，现在在欧美许多国家的博物馆和拍卖行中还能见到大量的清代时期中国的袍服，这些袍服受到不同文化人民的喜爱，被修改成适合当地人所穿着的袍服，这些传世实物都是中西方文化交流的产物，也是中国袍服的魅力所在。

---

❶ 陈绪锐. 从《玲珑》杂志看民国三十年代女性的服饰审美 [D]. 重庆：西南大学，2016.